移动应用开发系列教材

响应式 Web 应用前端开发教程（活页式）

主　编　冯艳玲

電子工業出版社
Publishing House of Electronics Industry
北京 · BEIJING

内 容 简 介

本书在以“特种旅游”为背景的项目引导下，以Web前端项目开发的工作领域为依据，进行模块划分，模块中的“任务”设计兼顾Web前端开发岗位工作任务的“典型性”和“1+X”证书的知识点覆盖面。

本书是一部“活页式、立体化”教材，在教学形式组织、内容拓展、学习时间地点等方面具有较强的灵活性。限于篇幅及资料形式的最佳效果等方面的考量，知识点的案例代码以配套立体电子资源的形式提供，本书还提供了教案、任务工单模板、课件、微课视频、答案等电子立体资源。每个步骤的微课视频以“二维码”形式印刷在书中步骤标题旁，扫码后，即可观看 B 站上的视频教程。其他电子资源可以通过出版社获取。

本书可作为高职高专院校、应用型本科院校在校大学生、IT 培训机构学员、Web 前端开发工程师、网站开发爱好者的教材。

图书在版编目（CIP）数据

响应式Web应用前端开发教程：活页式/冯艳玲主编. —北京：电子工业出版社，2021.10

ISBN 978-7-121-42217-1

Ⅰ.①响… Ⅱ.①冯… Ⅲ.①网页制作工具—高等学校—教材 Ⅳ.①TP393.092.2

中国版本图书馆CIP数据核字（2021）第208070号

责任编辑：王昭松
印　　刷：中煤（北京）印务有限公司
装　　订：中煤（北京）印务有限公司
出版发行：电子工业出版社
　　　　　北京市海淀区万寿路173信箱　邮编：100036
开　　本：787×1092　1/16　印张：14.5　字数：371.2千字
版　　次：2021年10月第1版
印　　次：2021年10月第1次印刷
定　　价：53.00元

凡所购买电子工业出版社图书有缺损问题，请向购买书店调换。若书店售缺，请与本社发行部联系，联系及邮购电话：（010）88254888，88258888。

质量投诉请发邮件至zlts@phei.com.cn，盗版侵权举报请发邮件至dbqq@phei.com.cn。

本书咨询联系方式：（010）88254609或hzh@phei.com.cn。

前　　言

Web前端开发工程师等职位的需求量大、薪酬较高，本教材的教学内容Bootstrap和jQuery技术是Web前端开发的主流技术，也是“1+X”Web前端开发职业技能证书考试的重要知识点。

教材在以“特种旅游”为背景的项目引导下，以Web前端项目开发的工作领域为依据，进行模块划分，模块中的“任务”设计兼顾Web前端开发岗位工作任务的“典型性”和“1+X”证书的知识点覆盖面。

本教材是一部“活页式、立体化”教材，在教学形式组织、内容拓展、学习时间和地点等方面具有较强的灵活性。出于教材篇幅限制以及资料形式的最佳效果展示等方面的考量，知识点的案例代码以配套立体电子资源的形式提供，本教材还提供了教案、任务工单模板、课件、微课视频、答案等电子立体资源。每个步骤的微课视频“二维码”印刷在教材中步骤标题旁，微信扫码后，即可观看B站（www.bilibili.com）上的视频教程。其他电子资源可以通过出版社获取。

1．教材内容结构

模块1　项目准备阶段

　　第1章　技术简介

　　第2章　Bootstrap技术资料

　　第3章　jQuery技术资料

模块2　Bootstrap静态网站制作

　　第4章　客户界面响应式页面制作

　　第5章　管理员界面响应式页面制作

模块3　jQuery交互效果优化

　　第6章　导航的完善与优化

　　第7章　用户数据交互的完善与优化

模块4　动态网站搭建

　　第8章　Ajax前后端数据异步交互

2．教材使用建议

建议基础扎实的学习者在完成了“模块1”中的开发环境准备工作后，直接进入“模块2”开始项目开发，在“行动”导向下，有目的地查阅“模块1”中的相关资料，完成任务相关知识点学习的同时，训练独立分析和解决问题的综合能力。任务以“工单”的形式发布，“任务工单”明确任务目标与步骤，并要求学习者完成任务后，在工单中做好过程性记录，教师可以根据完成情况辅助评估学生的学习成效。

“模块1”中的资料卡将Bootstrap和jQuery知识图表化，便于理解记忆，可作为“1+X”证书理论考试的备考资料。“模块2”至“模块4”任务实现的源代码部分以程序填空的方式呈现，一方面启发、鼓励学习者主动思考，另一方面可作为“1+X”证书实操考试的训练。

任务工单列出了“1+X”证书知识点，每个步骤的“引导问题”标明了需要查阅的资料和针对性的学习内容。学习组织者可以根据教学计划学时，将相关的任务工单、资料卡、步骤指导、高保真图从活页册中抽取出来组织为一个“教学单元”。

起点较低的学习者可以根据自身情况在活页式教材中补充学习资料；在完成教材任务后，可进行拓展训练，以检验知识掌握的熟练度。教学组织者可根据学情自行设计冗余、拓展任务训练，添加进活页册中。

3．教材适用对象

高职高专院校、应用型本科院校在校大学生、IT培训机构学员、Web前端开发工程师、网站开发爱好者。

4．致谢

本教材的副主编侯仕平，任职于“1+X”Web前端开发职业技能等级证书技术合作单位中慧云启科技集团有限公司。在此，对为本教程的编写做出贡献的师生和企业专家一并致谢。

因水平有限，本教材难免有不当之处，我们期待各位读者能够提出宝贵的意见和建议来敦促我们不断提高专业技能和教学水平，感谢本教材的每一位使用者。

编　者

2021年9月

目　　录

模块 1　项目准备阶段

第 1 章　技术简介······2

1.1　jQuery 简介······2
1.2　Bootstrap 简介······2
1.3　集成开发环境······3

第 2 章　Bootstrap 技术资料······4

2.1　Bootstrap 布局（Layout）······4
2.1.1　容器（Container）······5
2.1.2　栅格（Grid）······5
2.2　公共样式（Utilities）······6
2.2.1　边框（Border）······6
2.2.2　浮动清除（Clearfix）······6
2.2.3　关闭图标（Close icon）······6
2.2.4　颜色（Colors）······6
2.2.5　Display 属性（Display）······7
2.2.6　内嵌（Embed）······7
2.2.7　弹性盒（Flex）······8
2.2.8　浮动（Float）······9
2.2.9　图片替换（Image replacement）······9
2.2.10　交互（Interactions）······9
2.2.11　溢出（Overflow）······9
2.2.12　定位（Position）······10
2.2.13　读屏器（Screen readers）······10
2.2.14　阴影（Shadows）······10
2.2.15　尺寸（Sizing）······10
2.2.16　间距（Spacing）······11
2.2.17　延展链接（Stretched link）······12
2.2.18　文本（Text）······12

2.2.19 纵向对齐（Vertical alignment）……13
2.2.20 可见性（Visibility）……13
2.3 内容（Content）……13
2.3.1 图片（Image）……13
2.3.2 表格（Table）……14
2.3.3 插图（Figure）……14
2.4 Bootstrap 组件（Components）……15
2.4.1 警告框（Alerts）……15
2.4.2 徽章（Badge）……15
2.4.3 面包屑导航（Breadcrumb）……16
2.4.4 按钮（Button）……16
2.4.5 按钮组（Button group）……17
2.4.6 卡片（Card）……17
2.4.7 轮播器（Carousel）……18
2.4.8 折叠面板（Collapse）……20
2.4.9 下拉菜单（Dropdowns）……21
2.4.10 表单（Form）……23
2.4.11 输入组（Input group）……26
2.4.12 巨幕（Jumbotron）……27
2.4.13 列表组（List group）……27
2.4.14 媒体对象（Media object）……27
2.4.15 模态框（Modal）……28
2.4.16 导航（Navs）……30
2.4.17 导航栏（Navbar）……31
2.4.18 分页（Pagination）……32
2.4.19 弹出框（Popover）……33
2.4.20 进度条（Progress）……34
2.4.21 加载动画（Spinners）……35
2.4.22 信息提示框（Toasts）……35
2.4.23 工具提示框（Tooltip）……36
2.5 图标（icon）……37
2.5.1 方式1：<img>标签使用……38
2.5.2 方式2：Web字体使用……39
2.5.3 方式3：SVG文档片段使用……40

第 3 章 jQuery 技术资料……42

3.1 jQuery 核心方法……42

3.2 jQuery 选择器……43
3.2.1 基本选择器……43
3.2.2 层次选择器……43
3.2.3 过滤选择器……43
3.2.4 属性选择器……44
3.2.5 表单选择器……45
3.3 jQuery 操作 DOM……45
3.3.1 读取和设置 HTML 元素……45
3.3.2 向 HTML 元素添加内容……46
3.3.3 删除 HTML 元素及其属性……47
3.3.4 复制和替换 HTML 元素……48
3.3.5 遍历 HTML 元素……48
3.3.6 操作 DOM 样式……50
3.4 jQuery 事件处理……52
3.4.1 事件管理方法……52
3.4.2 事件处理方法……53
3.5 jQuery 动画……55
3.5.1 显示和隐藏……55
3.5.2 自定义动画……57
3.6 jQuery 对 Ajax 的支持……57
3.6.1 底层接口……57
3.6.2 快捷方法……59
3.6.3 辅助方法……59
3.6.4 事件方法……59
3.7 杂项……60

模块 2　Bootstrap 静态网站制作

第 4 章　客户界面响应式页面制作……62
4.1 任务 1：Bootstrap4 的安装与配置……62
4.1.1 步骤 1：下载 Bootstrap4.6 库……62
4.1.2 步骤 2：引用 Bootstrap 并测试……65
4.1.3 步骤 3：下载引用 jQuery 库……66
4.2 任务 2：实现页面结构……67
4.2.1 步骤 1：页面头部设置……67
4.2.2 步骤 2：配置响应式容器和页脚……68

4.2.3 步骤3：页眉导航栏的实现 ······ 69
4.2.4 步骤4：站内搜索框的实现 ······ 70
4.2.5 步骤5：导航内容的实现 ······ 70
4.2.6 步骤6：实现导航内容的响应式折叠展开效果 ······ 73
4.3 任务3：实现首页主体部分 ······ 74
4.3.1 步骤1：添加首页第一屏广告 ······ 75
4.3.2 步骤2：添加首页“观鸟召集”中的图文单元 ······ 76
4.3.3 步骤3：首页“观鸟召集”版块响应式布局 ······ 77
4.3.4 步骤4：“观鸟召集”版块美化 ······ 78
4.3.5 步骤5：添加“热门线路”版块中的图文单元 ······ 79
4.3.6 步骤6：为“热门线路”添加“瀑布流”效果 ······ 80
4.3.7 步骤7：为首页第一屏广告添加轮播器 ······ 82
4.4 任务4：实现“线路展示”页面 ······ 85
4.4.1 步骤1：实现页面主体部分响应式布局 ······ 85
4.4.2 步骤2：实现“线路区划导航栏”的响应式布局 ······ 87
4.4.3 步骤3：实现“线路区划导航栏”页内导航功能 ······ 89
4.4.4 步骤4：为“线路展示”版块添加标题 ······ 91
4.5 任务5：实现“线路详情”页面 ······ 92
4.5.1 步骤1：实现页面中的“面包屑”导航 ······ 93
4.5.2 步骤2：实现页面“线路详情”版块 ······ 95
4.5.3 步骤3：实现页面“选项卡”版块导航功能 ······ 98
4.5.4 步骤4：实现“行程”时间线 ······ 99
4.5.5 步骤5：实现“评价”内容 ······ 103
任务延展 ······ 105
本章高保真图 ······ 106

第5章 管理员界面响应式页面制作 ······ 112

5.1 任务1：实现“线路维护”页面导航部分 ······ 112
5.1.1 步骤1：实现页面结构 ······ 112
5.1.2 步骤2：实现页眉导航 ······ 114
5.1.3 步骤3：实现侧边栏导航 ······ 115
5.2 任务2：实现“线路维护”页面内容部分 ······ 118
5.2.1 步骤1：添加内容部分顶部 ······ 118
5.2.2 步骤2：添加内容部分底部 ······ 120
5.2.3 步骤3：实现数据表格 ······ 121
5.2.4 步骤4：实现删除确认 ······ 124
5.3 任务3：“定制线路”页面实现 ······ 125

5.3.1 步骤1：实现“基本信息”内容窗第一行控件……125
5.3.2 步骤2：实现“基本信息”内容窗第二行控件……129
5.3.3 步骤3：实现添加“行程”内容窗……132
5.3.4 步骤4：实现添加“团费”内容窗……135
5.3.5 步骤5：实现上传“图片”内容窗……137
任务延展……138
本章高保真图……138

模块 3 jQuery 交互效果优化

第 6 章 导航的完善与优化……143
6.1 任务 1：用户界面导航栏“联系我们”处弹出二维码……143
6.1.1 步骤1：jQuery 编程起步……143
6.1.2 步骤2：为“联系我们”添加二维码图片弹出框……144
6.2 任务 2：用户界面菜单活跃状态跟踪……146
6.2.1 步骤1：设置导航目标……146
6.2.2 步骤2：确定当前页面……147
6.2.3 步骤3：动态设置导航条目“活跃”状态……148
6.3 任务 3：管理系统“侧边栏导航”中横向展开子菜单……150
6.3.1 步骤1：添加侧边栏“资源管理”导航模块……150
6.3.2 步骤2：横向展开的子菜单内容制作……151
6.3.3 步骤3：采用弹出框实现横向展开子菜单……152
6.4 任务 4：管理系统侧边导航栏活跃状态跟踪……153
6.4.1 步骤1：获取当前打开的文件所在的子目录……154
6.4.2 步骤2：设置活跃状态的侧边栏导航子模块为“展开”……155
6.4.3 步骤3：网页加载时动态设置“活跃”导航子模块图标……156
6.4.4 步骤4：用户切换导航子模块时切换图标……157
任务延展……158
本章高保真图……159
第 7 章 用户数据交互的完善与优化……160
7.1 任务一：“定制线路”选项卡的动态启用……160
7.1.1 步骤1：“行程”选项的动态启用……160
7.1.2 步骤2：任意选项内容的动态启用……162
7.2 任务2：“行程”编辑条目数的动态生成……162

7.2.1 步骤1：获取行程天数 …… 163
7.2.2 步骤2：动态添加日程编辑卡片 …… 164
7.2.3 步骤3：动态设置日程编辑卡片的标题和id属性值（方法1） …… 166
7.2.4 步骤4：动态设置日程编辑卡片的标题和id属性值（方法2） …… 167
7.2.5 步骤5：设置折叠面板的状态，添加图标 …… 169
7.3 任务3："基本信息"用户输入合法性检查 …… 170
7.3.1 步骤1：设置表单控件验证模式 …… 170
7.3.2 步骤2："交通方式"验证的实现 …… 172
7.3.3 步骤3：单击"下一步"按钮需通过验证才启用下一个选项 …… 174
7.4 任务4：添加、删除、撤销删除"团次"编辑条目的实现 …… 175
7.4.1 步骤1：添加"团次"编辑条目 …… 175
7.4.2 步骤2：全选与取消全选的实现 …… 176
7.4.3 步骤3：删除编辑条目与撤销删除 …… 178
7.5 任务5：团费编辑条目恢复及警告框动画效果制作 …… 179
7.5.1 步骤1：记录删除前被删除条目的位置 …… 180
7.5.2 步骤2：以淡出的动画效果原位恢复被删除的条目 …… 181
7.5.3 步骤3：警告框"飞入"动画的实现 …… 182
7.5.4 步骤4：自定义警告框的关闭 …… 184
任务延展 …… 185
本章高保真图 …… 186

模块 4　动态网站搭建

第 8 章　Ajax 前后端数据异步交互 …… 188

8.1 任务1：管理员界面侧边栏导航的异步加载 …… 188
8.1.1 步骤1：将侧边栏导航单独形成一个文件 …… 188
8.1.2 步骤2：异步加载侧边栏导航文件 …… 189
8.2 任务2：酒店信息的异步读取 …… 189
8.2.1 步骤1：使用mock.js生成模拟酒店数据 …… 190
8.2.2 步骤2：编写异步获取酒店信息的Ajax请求 …… 192
8.2.3 步骤3：配置模拟后台路由，成功加载酒店数据 …… 194
8.2.4 步骤4：显示提示信息 …… 194
8.3 任务3：酒店信息的分页显示 …… 198
8.3.1 步骤1：实现酒店信息分页页码的动态添加 …… 199
8.3.2 步骤2：获取指定页码的数据 …… 202
8.3.3 步骤3：实现分页显示功能 …… 205

8.4　任务4：修改酒店信息 …… 207
8.4.1　步骤1：实现修改信息模态框 …… 207
8.4.2　步骤2：将指定记录的信息填写到表单控件中 …… 209
8.4.3　步骤3：发送异步请求，完成信息的修改 …… 210
8.4.4　步骤4：防止重复提交Ajax请求 …… 213
任务延展 …… 216
本章高保真图 …… 216
参考文献 …… 217

模 块 1

项目准备阶段

工作领域

项目技术选型、开发环境搭建。

能力目标

（1）能够根据应用需求，选择适当的技术栈。

（2）能够快速搭建开发环境。

（3）熟记专业符号含义、专业术语，能够快速查阅技术资料。

第1章　技术简介

1.1　jQuery 简介

jQuery是由John Resig等人于2006年1月创建的。jQuery的信条是“写得更少，做得更多”（write less，do more）。w3techs.com在2021年4月的统计结果中标明jQuery在全球网站JavaScript库使用率排行榜中仍高居榜首，如图1-1所示。

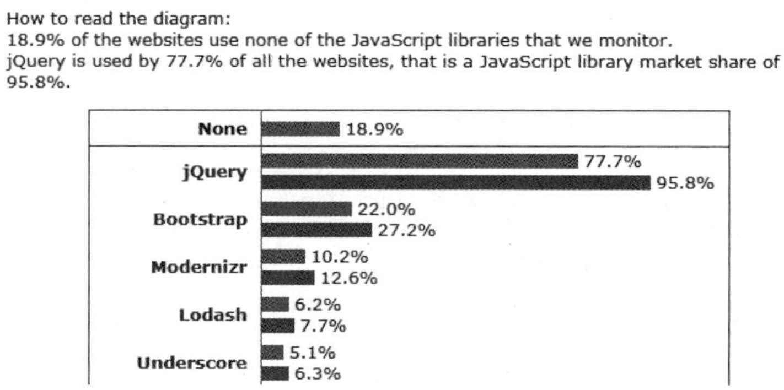

图 1-1　w3techs.com全球网站 JavaScript 库使用率统计结果

jQuery具有轻量、稳定、方法丰富、语法简洁、跨平台跨浏览器兼容等优点。与JavaScript相比，实现同样的功能，jQuery代码要简洁许多。jQuery官方网站的网址是http://jquery.com。在官网上可以在线阅读jQuery的API文档。

1.2　Bootstrap 简介

Bootstrap在图1-1所示的统计结果中排在第二位，但它与jQuery在前端项目开发中所起的作用是不同的，Bootstrap是侧重于实现前端UI效果的框架。Bootstrap4的样式库采用SaaS技术开发，如果需要改变默认的样式，可以通过修改SaaS源代码的形式来完成，这是非常有趣的一部分，但是限于篇幅没有在本教材中展示，学有余力的学习者可以在活页式教材中添加这一部分的学习和训练内容。Bootstrap4及以前版本中部分组件提供了jQuery API接口，所以jQuery与Bootstrap是天然的技术栈组合。

Bootstrap在开发响应式布局、移动设备优先的Web项目上占有优势。

Bootstrap对移动设备各种浏览器的支持情况如表1-1所示。Bootstrap对台式机各种浏览器的支持情况如表1-2所示。

表 1-1　Bootstrap 对移动设备各种浏览器的支持情况

	Chrome	Firefox	Safari	Android Browser & WebView	Microsoft Edge
Android	支持	支持	不适用	支持 Android v5.0+	支持
iOS	支持	支持	支持	不适用	支持
Windows 10 Mobile	不适用	不适用	不适用	不适用	支持

表 1-2　Bootstrap 对台式机各种浏览器的支持情况

	Chrome	Firefox	Internet Explorer	Microsoft Edge	Opera	Safari
Mac	支持	支持	不适用	支持	支持	支持
Windows	支持	支持	支持 E10+	支持	支持	不支持

1.3　集成开发环境

Web 应用前端的集成开发环境搭建相对简单，推荐使用 DCloud 公司的 HBuilderX。HBuilderX 是“1+X”证书实操考试环节指定的开发环境，免安装，含内置 Web 服务器，可以便捷地安装 Emmet 等插件。HBuilderX 的使用可以通过 DCloud 官网找到详细的参考资料，本教材中不再赘述。学习者也可以选择自己熟悉的其他开发工具来完成本教材的项目任务。

浏览器的选用方面，作为前端开发人员，应该安装多种内核、多种版本的浏览器来测试 Web 应用的浏览器兼容性。在开发阶段，建议选择具有功能强大、界面友好的调试工具的浏览器，如 360 浏览器、谷歌浏览器等。

第 2 章 Bootstrap 技术资料

本章是Bootstrap的技术速查资料，将Bootstrap类、属性、API以图表的形式列出，便于快速查找和理解元素结构，Bootstrap官方网站上提供了丰富的源代码示例并提供了案例代码包，限于篇幅，不在教材中赘述。

本章学习的一些说明：

（1）本章内容覆盖了实现教材规定项目的Bootstrap重要知识点。少数应用场景较少的Bootstrap组件用法，因篇幅有限，未在教材中列出。

（2）含义为“基础类”的类定义了相应组件的基础样式，必须配置。

（3）Bootstrap类名描述借鉴了命令行符号规则，“[ ]”代表内容可选，“{ }”代表必须选择其一，“|”代表或者。

（4）元素结构图中，对标签元素的描述借鉴了Emmet语法规则，简要提示推荐标签、需要配置的类及属性、标签内部文本。

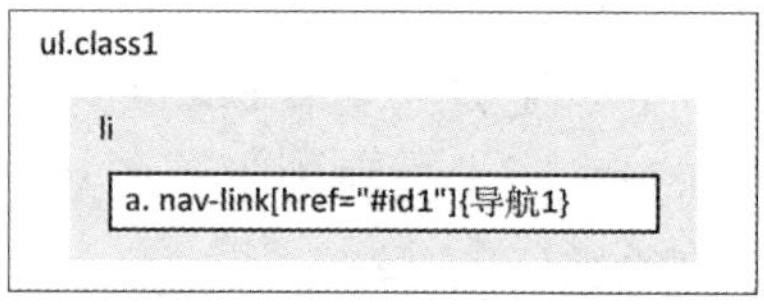

图 2-1　标签结构示意图

与图2-1对应的标签结构代码如下：

```
<ul class="class1">
  <li>
    <a class="nav-link" href="#id1">导航1</a>
  </li>
</ul>
```

2.1 Bootstrap 布局（Layout）

Bootstrap 将不同视口的设备按照尺寸分为 5 类，每两类的临界点称为“断点（breakpoint）”，Bootstrap的许多样式类都具有断点设置（见表2-1），使得Bootstrap支持响应式设计。

表 2-1　设备断点对照表

设备分类	Extra small超小屏	Small小屏	Medium中屏	Large大屏	Extra large超大屏
尺寸	<576px	≥576px	≥768px	≥992px	≥1200px
断点名称	xs	sm	md	lg	xl

Bootstrap提供了容器和栅格系统来完成响应式页面布局，它们都支持断点设置。

2.1.1　容器（Container）

将容器类应用在元素上，该元素就可以作为容器元素，按照指定的规范约束内部元素的布局空间。容器类在不同视口设备下的宽度如表 2-2 所示。

表 2-2　容器类在不同视口设备下的宽度

	超 小 屏	小　屏	中　屏	大　屏	超 大 屏
.container	100%	540px	720px	960px	1140px
.container-sm	100%	540px	720px	960px	1140px
.container-md	100%	100%	720px	960px	1140px
.container-lg	100%	100%	100%	960px	1140px
.container-xl	100%	100%	100%	100%	1140px
.container-fluid	100%	100%	100%	100%	100%

2.1.2　栅格（Grid）

Bootstrap 栅格系统将容器空间划分为许多网格状的小区域，先分为“行”，一行默认最多分为 12“列”，通过将网页内容板块置于不同的网格区域内来完成布局，就像储物柜中的横、纵隔板的作用。栅格系统支持断点、支持嵌套使用。栅格系统标签结构如图 2-2 所示。行元素附加类如表 2-3 所示。栅格元素附加类如表 2-4 所示。

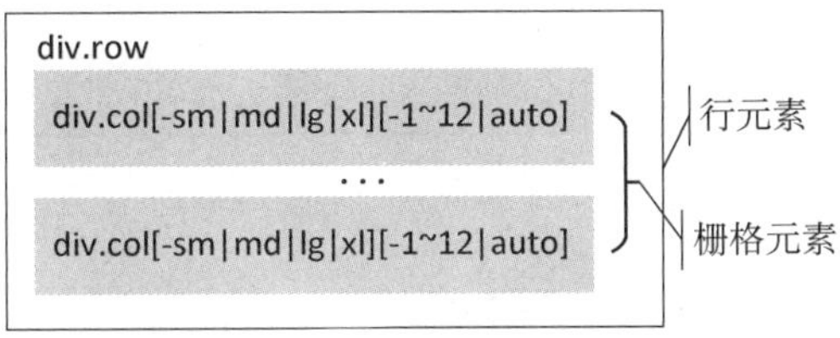

图 2-2　栅格系统标签结构示意图

表 2-3　行元素附加类

类　　名	含　　义
.row-cols[-sm|md|lg|xl]-{1～12}	设置一行中的列数，支持响应式变化
.no-gutters	去掉行的外边距和栅格元素的内填充

表 2-4　栅格元素附加类

类　　名	含　　义
.order[-sm|md|lg|xl]-{1～12|first|last}	设置栅格元素的顺序，支持响应式变化
.offset[-sm|md|lg|xl]-{0～11}	设置栅格元素的偏移，支持响应式变化

图 2-2 中栅格元素类名中的“断点”和“列数”都可以省略。省略列数的栅格平均分配一行中剩余的宽度。列数的值为“auto”时，栅格宽度适应内容宽度。如果一个元素配置了多种有效断点的栅格，则与当前视口宽度匹配度最相近的配置优先生效。

2.2 公共样式（Utilities）

2.2.1 边框（Border）

边框相关类如表 2-5 所示。

表 2-5 边框相关类

类　名	含　义
border	添加边框
border-{top|bottom|left|right}	显示指定方向的边框
border-0	取消边框
border-{top|bottom|left|right}-0	取消指定方向的边框
border-主题色	设置边框颜色
rounded	设置圆角边框
rounded-0	取消圆角边框
rounded-{top|bottom|left|right}	设置指定方向上的边框为圆角
rounded-lg	圆角的边界半径更大
rounded-sm	圆角的边界半径更小
rounded-circle	元素呈圆形
rounded-pill	元素呈胶囊形

2.2.2 浮动清除（Clearfix）

浮动清除类如表 2-6 所示。

表 2-6 浮动清除类

类　名	含　义
clearfix	清除浮动，用于配置了浮动定位的元素的父元素

2.2.3 关闭图标（Close icon）

在模态框和警告框中使用关闭图标来关闭内容。关闭图标的 Emmet 描述如下：

```
button.close[type="button"]>span{&times;}
```

2.2.4 颜色（Colors）

Bootstrap 定义了系列主题色，可以通过方便记忆的主题色名称来设置背景和文字等颜色，背景色彩及相应名称如图 2-3、图 2-4 所示。背景、文字颜色相关类如表 2-7 所示。

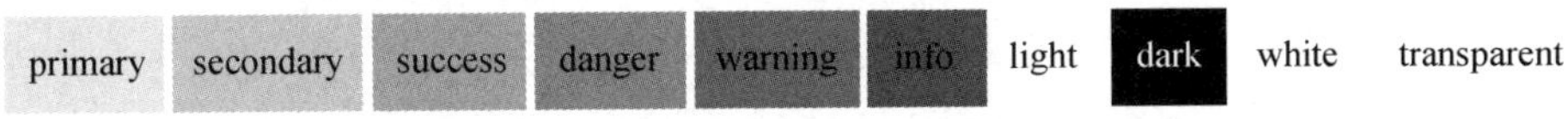

图 2-3 Bootstrap 背景颜色及相应名称

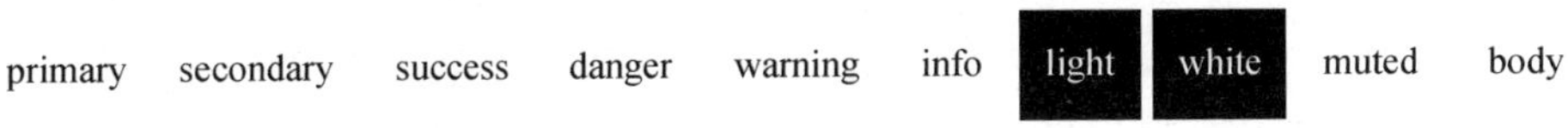

图 2-4 Bootstrap 文字颜色及名称

表 2-7 背景、文字颜色相关类

类　　名	含　　义
bg-主题色	设置元素的背景色，transparent 为透明底色
text-主题色	设置元素内部文本颜色，text-white、text-muted 不支持在链接上使用

示例：

（1）<div class="bg-danger">设置 div 元素背景色为 danger 色</div>。

（2）<div class="text-secondary">内部文字设置为 secondary 色</div>。

2.2.5 Display 属性（Display）

Bootstrap Display 属性类可以设置元素的 CSS display 属性，Bootstrap Display 属性的值是 CSS display 属性值的子集，包括以下 9 种：none、inline、inline-block、block、table、table-cell、table-row、flex、inline-flex。display 属性设置类如表 2-8 所示。

表 2-8 display 属性设置类

类　　名	含　　义
d[-xl|lg|md|sm]-<属性值>	设置 display 属性，支持响应式变化
d-print-<属性值>	设置打印时 display 属性

示例：

（1）<div class="d-print-none">打印时不显示</div>。

（2）<div class="d-none d-lg-block">在超小屏设备上隐藏，在大屏及以上设备上显示</div>。

2.2.6 内嵌（Embed）

可以用在<iframe>、<embed>、<video>、<object>标签上，用于向页面中嵌入内容。内嵌元素结构如图 2-5 所示。

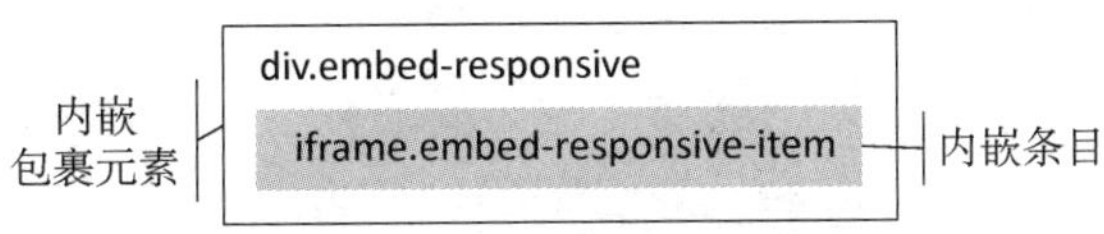

图 2-5 内嵌元素结构示意图

内嵌包裹元素附加类如表2-9所示。

表 2-9　内嵌包裹元素附加类

类　　名	含　　义
embed-responsive-21by9	宽高比21：9
embed-responsive-16by9	宽高比16：9
embed-responsive-4by3	宽高比4：3
embed-responsive-1by1	宽高比1：1

2.2.7　弹性盒（Flex）

通过设置 display 属性为 d[-xl|lg|md|sm]-{flex|inline-flex}，将元素设置为弹性盒容器，使其子元素具备CSS弹性行为特点。弹性盒可以辅助布局、管理对齐方式。弹性盒容器附加类如表2-10所示。

表 2-10　弹性盒容器附加类

类　　名	含　　义
.flex[-xl|lg|md|sm]-row	水平布局（从左至右），支持响应式变化
.flex[-xl|lg|md|sm]-row -reverse	水平反向布局（从右至左），支持响应式变化
.flex[-xl|lg|md|sm]-column	垂直布局（从上至下），支持响应式变化
.flex[-xl|lg|md|sm]-column-reverse	垂直反向布局（从下至上），支持响应式变化
.flex[-xl|lg|md|sm]-fill	适应内容宽度并占满水平空间，支持响应式变化
.justify-content-{start |end|center|between|around}	头部集中|尾部集中|中央集中|两端对齐|环绕对齐 效果如图2-6所示
.align-items[-xl|lg|md|sm]-{start |end|center|baseline|strech}	垂直居上|垂直居下|垂直居中|基线对齐|延展适应父元素， 支持响应式变化

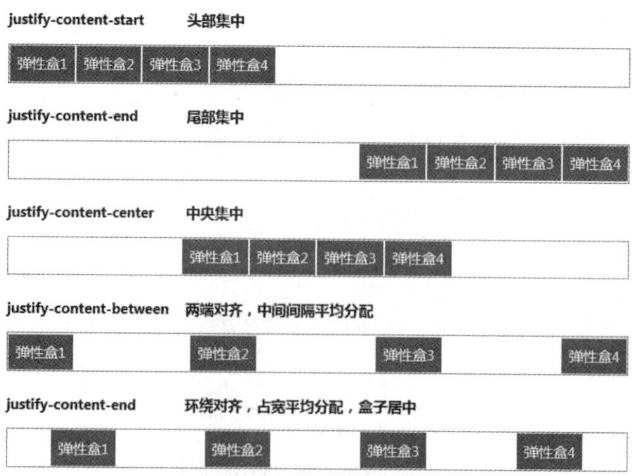

图2-6　弹性盒横向对齐方式

弹性盒子元素附加类如表2-11所示。

表 2-11　弹性盒子元素附加类

类　　名	含　　义
.flex[-xl|lg|md|sm]-fill	适应内容宽度并占满水平空间，支持响应式变化
.flex[-xl|lg|md|sm]-grow-1	占据剩余空间，支持响应式变化
.flex[-xl|lg|md|sm]-grow-0	取消 flex-grow-1 效果，支持响应式变化
.flex[-xl|lg|md|sm]-shrink-1	收缩空间，支持响应式变化
.flex[-xl|lg|md|sm]-shrink-0	取消收缩空间，支持响应式变化
.align-self[-xl|lg|md|sm]-{start|end|center|baseline|strech}	垂直居上|垂直居下|垂直居中|基线对齐|延展适应父元素，支持响应式变化

2.2.8　浮动（Float）

浮动相关类如表 2-12 所示。

表 2-12　浮动相关类

类　　名	含　　义
.float[-sm|md|lg|xl]-left	向左浮动，支持响应式变化
.float[-sm|md|lg|xl]-right	向右浮动，支持响应式变化
.float-none	不浮动

2.2.9　图片替换（Image replacement）

图片替换类为“.text-hide”，在 Bootstrap4.1 中“已废弃”，在版本 Bootstrap5 中将被删除。

2.2.10　交互（Interactions）

交互相关类如表 2-13 所示。

表 2-13　交互相关类

类　　名	含　　义
.user-select-all	单击时选中全部内容
.user-select-auto	内容默认被选中
.user-select-none	不允许选择内容

2.2.11　溢出（Overflow）

溢出相关类如表 2-14 所示。

表 2-14　溢出相关类

类　　名	含　　义
.overflow-auto	溢出时浏览器显示滚动条以便查看其余的内容
.overflow-hidden	隐藏溢出部分

2.2.12　定位（Position）

Bootstrap4通过定位相关类（见表2-15）完成CSS position的定位设置。

表 2-15　定位相关类

类　　名	含　　义
.position-static	静态定位
.position-relative	相对定位
.position-absolute	绝对定位
.position-fixed	固定定位
.position-sticky	黏性定位

2.2.13　读屏器（Screen readers）

读屏器是一类辅助视障人士使用PC的屏幕阅读软件。配置了基础类sr-only的元素仅为读屏器可见。读屏器附加类如表2-16所示。

表 2-16　读屏器附加类

类　　名	含　　义
.sr-only-focusable	获得焦点时显示元素

2.2.14　阴影（Shadows）

阴影相关类如表2-17所示。

表 2-17　阴影相关类

类　　名	含　　义
.shadow-none	无阴影效果
.shadow-sm	添加小阴影效果
.shadow	添加阴影效果
.shadow-lg	添加大阴影效果

2.2.15　尺寸（Sizing）

尺寸相关类如表2-18所示。

表 2-18　尺寸相关类

类　　名	含　　义
w-{25|50|75|100}	宽度25%～100%
w-auto	默认宽度
h-{25|50|75|100}	高度25%～100%
h-auto	默认高度

（续表）

类　　名	含　　义
mw-100	最大宽度 100%
mh-100	最大高度 100%
min-vw-100	最小宽度设置为 100%视口宽度
min-vh-100	最小高度设置为 100%视口高度
vw-100	100%视口宽度
vh-100	100%视口高度

2.2.16　间距（Spacing）

Bootstrap4 间距类可以方便地设置元素的外边距和内填充，支持响应式变化。类名一般格式为：<属性方向>[-断点]-<尺寸>。属性值、方向值、断点值、尺寸值分别如表 2-19～表 2-22 所示。

表 2-19　属性值表

值	含　　义
m	margin 外边距
p	padding 内填充

表 2-20　方向值表

值	含　　义
t	top 上方
b	bottom 下方
l	left 左侧
r	right 右侧
x	*X* 轴方向（左右）
y	*Y* 轴方向（上下）
无	四边

表 2-21　断点值表

值	含　　义
sm	小屏及以上设备
md	中屏及以上设备
lg	大屏及以上设备
xl	超大屏设备
无	所有设备

表 2-22　尺寸值表

值	含　　义
0	0
1	0.25 倍$spacer
2	0.5 倍$spacer
3	1 倍$spacer
4	1.5 倍$spacer
5	3 倍$spacer
auto	自动，在指定方向上占据剩余空间

例如：class="pb-3"将元素下方内填充设置为 1 倍的$spacer，class="mx-auto"将元素左右两侧外边距设置为“自动”，可以起到居中显示的效果。

2.2.17　延展链接（Stretched link）

为超链 a 元素设置“.stretched-link”，可以延展该超链的有效单击区域，使包含该链接的祖先块状元素内区域都可以支持单击跳转至超链目标地址。

注意：卡片组件包裹元素默认设置了“positon:relative”，可安全地支持内部超链的延展链接；媒体对象组件默认情况下没有设置 position:relative 属性，需要设置“.positon-relative”类来支持延展链接。

2.2.18　文本（Text）

文本相关类如表 2-23 所示。

表 2-23　文本相关类

类　　名	含　　义
.text-justify	两端对齐
.text[-sm|md|lg|xl]-{left|center|right}	文本居左/居中/居右，支持响应式变化
.text-wrap	文本溢出换行
.text-nowrap	文本溢出不换行
.text-truncate	文本溢出截断以省略号替代 注意：在块状、行内块元素中有效
.text-break	允许单词中间换行
.text-lowercase	转换为小写字母
.text-uppercase	转换为大写字母
.text-capitalize	转换单词首字母为大写
.text-monospace	采用等宽字体
.text-reset	颜色重置为父元素的文本颜色
.text-decoration-none	去掉文本装饰

（续表）

类　　名	含　　义
.font-weight-bold	加粗字体
.font-weight-bolder	相对父元素加粗字体
.font-weight-normal	普通字体
.font-weight-light	细字体
.font-weight-lighter	相对父元素减细字体
.font-italic	斜体
.lead	增大字体

2.2.19　纵向对齐（Vertical alignment）

纵向对齐仅对行内元素、行内块元素、行内表格和表格单元有效。纵向对齐相关类如表2-24所示。

表 2-24　纵向对齐相关类

类　　名	含　　义
.align-baseline	基线对齐
.align-top	顶部对齐
.align-middle	居中对齐
.align-bottom	底部对齐
.align-text-top	元素的顶部与父元素字体的顶部对齐
.align-text-bottom	元素的底部与父元素字体的底部对齐

2.2.20　可见性（Visibility）

Bootstrap4 可见性类（见表2-25）通过CSS visibility属性设置元素的可见性。

表 2-25　Bootstrap4 可见性类

类　　名	含　　义
.visible	元素可见
.invisible	元素不可见

2.3　内容（Content）

2.3.1　图片（Image）

Bootstrap图片类应用在img标签上。图片相关类如表2-26所示。

表 2-26　图片相关类

类　名	含　义
.img-fluid	图片随父元素大小保持比例缩放
.img-thumbnail	给图片添加圆角及1px边界的外框，呈现缩略图样式

2.3.2　表格（Table）

表格的基础类是“.table”应用在<table>标签上。<table>标签附加类、<thead>标签附加类、<tr><td>标签相关类、<table>外包裹元素如表2-27～表2-30所示。

表 2-27　<table>标签附加类

类　名	含　义
.table-dark	表格深色背景，浅色文字
.table-striped	表格呈现斑马纹效果（隔行换色）
.table-bordered	带边框的表格
.table-borderless	不带边框的表格
.table-hover	鼠标指针悬浮触发<tbody>中的行底色改变
.table-sm	单元格内填充减半，使表格呈现效果更紧凑

表 2-28　<thead>标签附加类

类　名	含　义
.thead-{light|dark}	表头基础样式

表 2-29　<tr><td>标签相关类

类　名	含　义
.table-主题色	设置单元格底色

表 2-30　<table>外包裹元素

类　名	含　义
.table-responsive[-sm|-md|-lg|-xl]	设置表格支持响应式变化

2.3.3　插图（Figure）

组件用于设置相关联的图片和文本的样式。插图元素结构如图2-7所示。

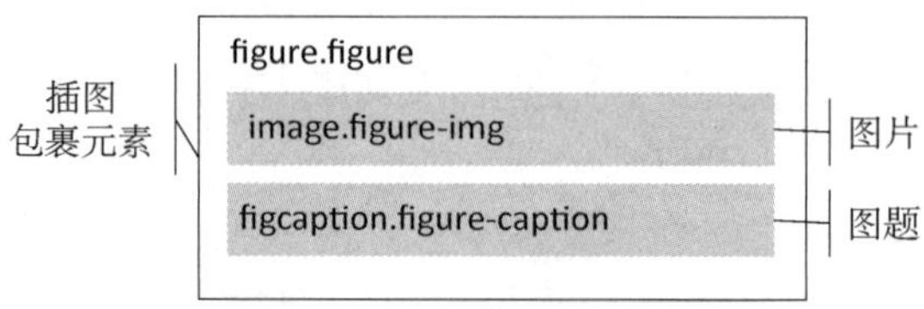

图2-7　插图元素结构示意图

2.4　Bootstrap 组件（Components）

2.4.1　警告框（Alerts）

警告框用于在页面中显示警告信息。警告框标签结构如图 2-8 所示。带关闭按钮的警告框标签结构如图 2-9 所示。警告框附加类、警告框方法列表、选项卡事件列表分别如表 2-31～表 2-33 所示。

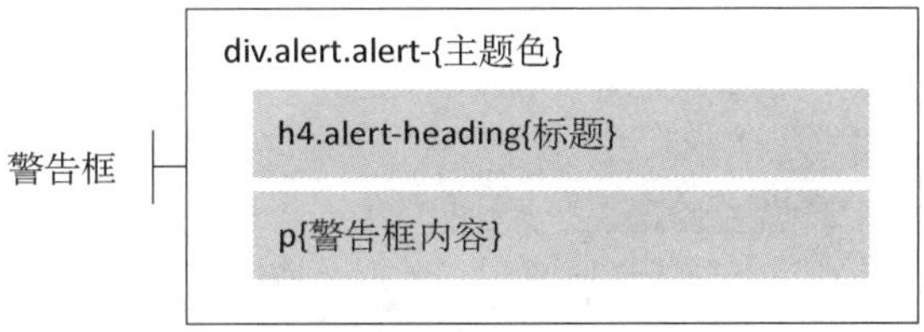

图 2-8　警告框标签结构

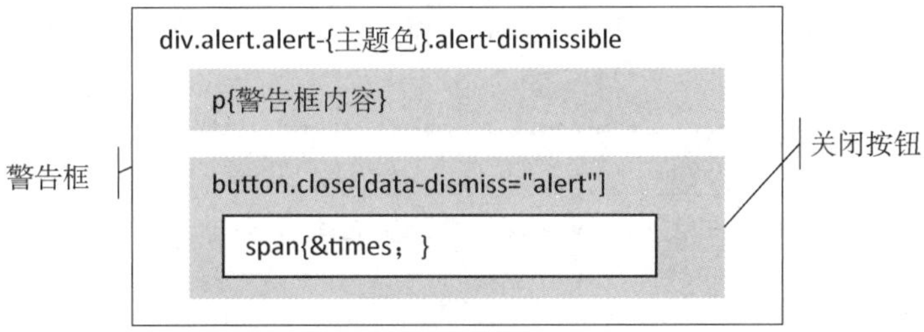

图 2-9　带关闭按钮的警告框标签结构

表 2-31　警告框附加类

类　　名	含　　义
.alert-link	用于警告框内部超链样式

表 2-32　警告框方法列表

方　　法	描述与参数说明
$('.alert').alert('close')	通过将警告框从 DOM 树中删除来关闭警告框

表 2-33　选项卡事件列表

事　　件	描　　述
close.bs.alert	close()方法被调用时发生
closed.bs.alert	警告框被关闭后且 CSS 动画效果结束后发生

2.4.2　徽章（Badge）

徽章的基础类是.badge。徽章附加类如表 2-34 所示。

表 2-34　徽章附加类

类　　名	含　　义
badge-主题色	设置徽章背景色
badge-pill	胶囊型徽章

2.4.3　面包屑导航（Breadcrumb）

面包屑导航可以起到有效的层次导航作用，尤其是在小屏设备上。面包屑导航强调顺序，按左至右的顺序代表层次包含关系，所以推荐使用有序列表来组织标签结构，如图2-10所示。

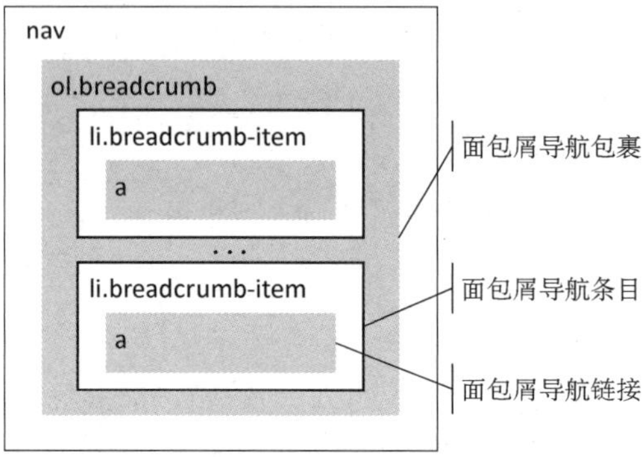

图 2-10　面包屑导航标签结构示意图

2.4.4　按钮（Button）

Bootstrap为Button标签设计系列样式类，定义了按钮外观效果和鼠标指针悬浮时的效果。主题色填充的按钮效果如图2-11所示。主题色勾边按钮效果如图2-12所示。按钮类也可以用于a、input等元素。按钮必须设置基础类“.btn”，通过设置附加类来实现附加效果。按钮附加类如表2-35所示。

图 2-11　主题色填充的按钮效果

图 2-12　主题色勾边按钮效果

表 2-35　按钮附加类

类　　名	含　　义
.btn-主题色	以主题色填充的按钮，支持的颜色如图2-11所示
.btn-outline-主题色	以主题色勾边的按钮，支持的颜色如图2-12所示
.btn-{lg|sm}	调整按钮大小
.active	活跃状态

2.4.5　按钮组（Button group）

按钮组标签结构如图2-13所示。按钮组附加类如表2-36所示。

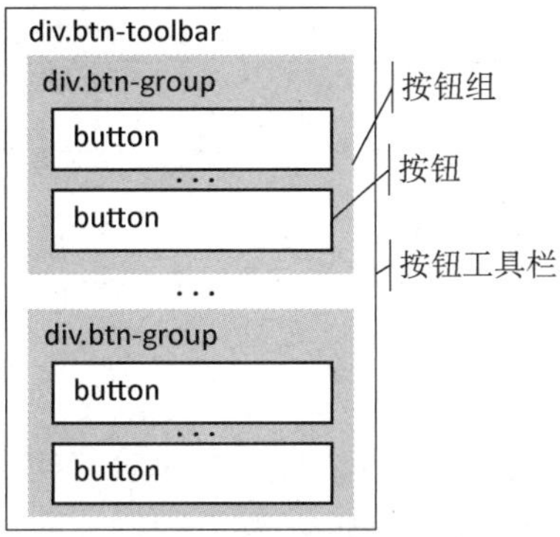

图 2-13　按钮组标签结构示意图

表 2-36　按钮组附加类

类　　名	含　　义
.btn-group-{lg|sm}	在常规尺寸基础上放大、缩小
.btn-group-vertical	按钮组垂直布局

2.4.6　卡片（Card）

卡片组件可以包含多种内容，可以实现图文垂直布局的图文单元，其元素结构如图2-14所示，可以根据需求灵活选用包含的内容。

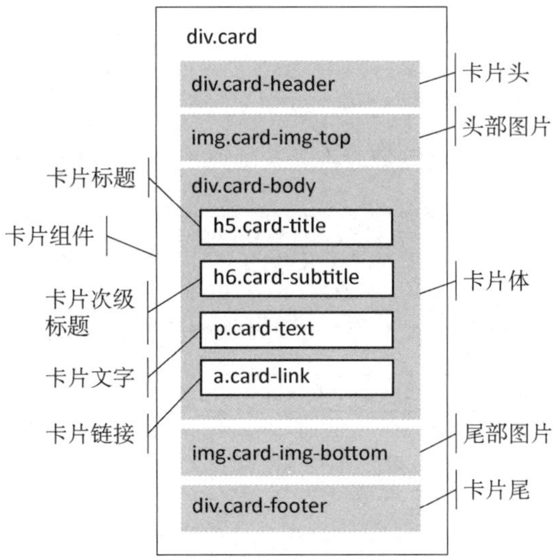

图2-14　卡片组件元素结构示意图

给一组卡片添加外包裹元素并设置相应的类，可以实现“宫格”“瀑布流”等布局。卡片组包裹元素附加类和卡片体元素附加类分别如表2-37和表2-38所示。

表 2-37　卡片组包裹元素附加类

类　　名	含　　义
.card-deck	使一组卡片呈现等宽、等高的“宫格”布局
.card-columns	使一组卡片呈现瀑布流效果，默认分为 3 列

表 2-38　卡片体元素附加类

类　　名	含　　义
card-img-overlay	用于.card-body 元素，卡片中的图片呈现为背景图片

2.4.7　轮播器（Carousel）

轮播器支持一系列内容轮流显示的组件，在 Web 应用中使用率很高。Bootstrap4 提供了功能完善的轮播器组件。轮播器的元素结构较复杂，如图 2-15 所示。轮播器包裹层元素附加类和轮播器条目可设置的类分别如表 2-39 和表 2-40 所示。

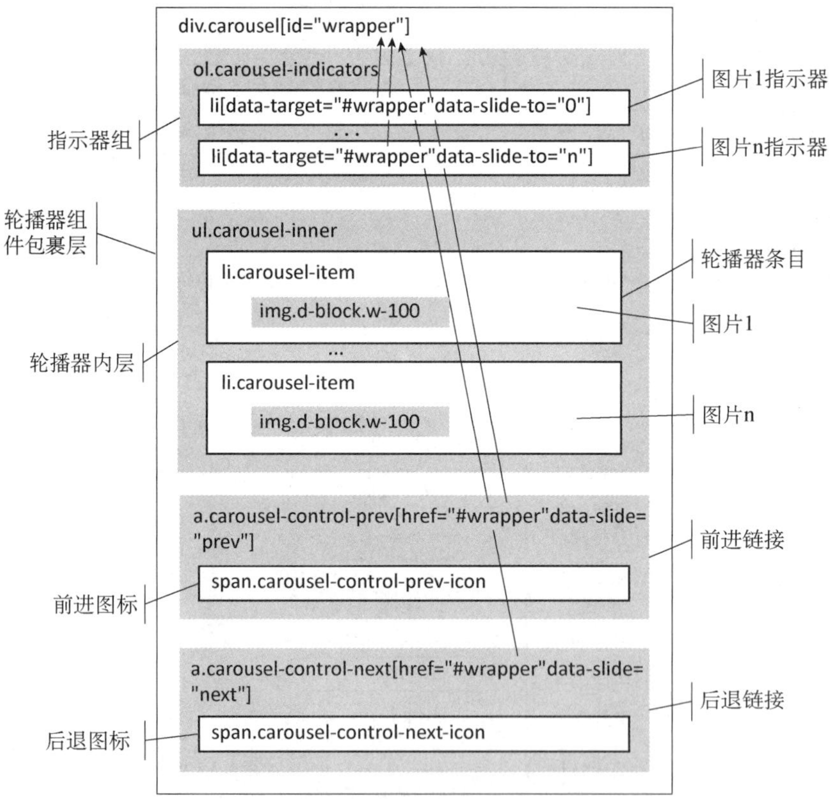

图 2-15　轮播器结构示意图

表 2-39　轮播器包裹层元素附加类

类　　名	含　　义
.slide	使用滑动效果切换轮播器条目
.carousel-fade	使用淡入淡出效果切换轮播器条目，需要和 slide 类同时设置

表 2-40　轮播器条目可设置的类

类　名	含　义
active	设置该条目为当前可见

轮播器组件其他附加属性以“data-”为前缀，以表2-41中的选项名为后缀，也可以通过JavaScript编程实现。

表 2-41　轮播器选项表

名　称	类　型	默认值	描　述
interval	数字	5000	自动播放间隔时间，单位毫秒
keyboard	Boolean	true	轮播器是否响应键盘操作
pause	String| boolean	"hover"	光标进入时停止，光标离开后继续轮播；如果值为 false，对光标悬停时不暂停
ride	string	false	用户手动轮播第一个条目后，自动轮播； 如果值为“carousel”，在加载后自动轮播
wrap	boolean	true	轮播器是否循环播放
touch	boolean	true	触摸屏设备上是否支持左右滑动操作

轮播器组件方法、param参数值、轮播器组件事件分别如表2-42～表2-44所示。

表 2-42　轮播器组件方法列表

方　法	描述与参数说明
$('.carousel').carousel(options|param)	获取指定元素集合中所有元素包括其子元素的文本内容 返回值：字符串

表 2-43　param 参数值列表

param	描　述
'cycle'	从左至右循环播放
'pause'	停止循环播放
number	循环播放至指定帧，在目标条目显示前返回调用方
'prev'	循环至上一个条目
'next'	循环至下一个条目
'dispose'	销毁指定元素上的轮播器
'nextWhenVisible'	当页面或者轮播器不可见时不循环播放
'to'	循环播放至指定帧，在下一个条目显示前返回调用方

表 2-44　轮播器组件事件列表

方　法	描述与参数说明
slide.bs.carousel	slide实例方法被触发时发生
slid.bs.carousel	轮播器完成滑动转换后发生

2.4.8 折叠面板（Collapse）

Bootstrap4 的折叠面板由“触发元素”和“折叠展开内容元素”构成，触发元素推荐使用<button>并配置 data-target 属性，也可以使用超链<a>配置 href 属性，如图 2-16 所示。如果需要同时触发多个内容元素，则使用类选择器。内容元素附加类如表2-45 所示。

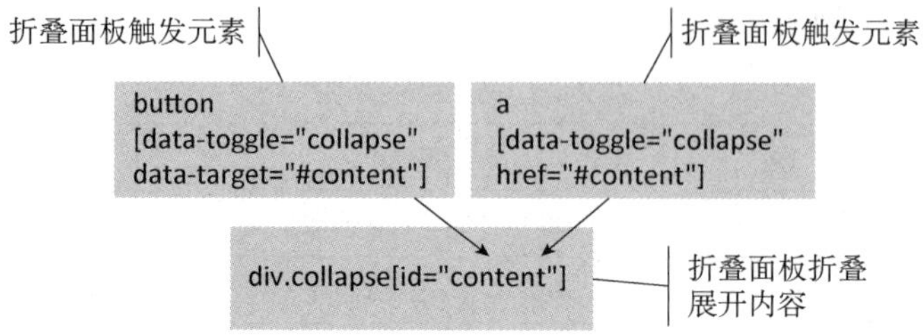

图2-16 折叠面板元素结构示意图

表2-45 内容元素附加类

类 名	含 义
.show	默认显示内容元素

1. 手风琴

手风琴是由一组卡片、折叠面板组成的复合组件，其效果是一组折叠展开面板中，同一时刻只有一个是展开的状态，当展开另一个时，原来展开的自动折叠。手风琴标签结构如图 2-17 所示。

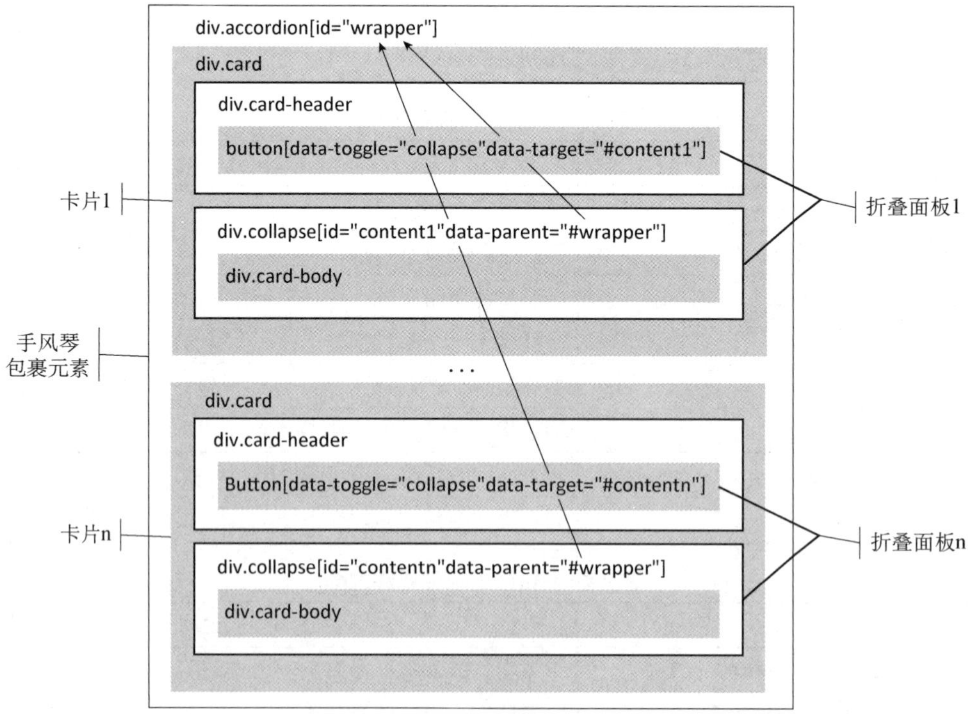

图2-17 手风琴标签结构示意图

2. 折叠面板 API

折叠面板接口方法如表2-46所示。

表 2-46　折叠面板接口方法

方　法	描　述
$('.collapse').collapse(param)	根据参数，折叠、展开或者切换折叠面板内容的状态

折叠面板方法参数如表2-47所示。

表 2-47　折叠面板方法参数表

参　数	描　述
'toggle'	切换折叠面板内容的“折叠”和“展开”状态
'show'	展开折叠面板内容
'hide'	折叠折叠面板内容
'dispose'	销毁指定元素的折叠
option	以选项表中的选项作为属性的对象

折叠面板选项如表2-48所示。

表 2-48　折叠面板选项表

名　称	类　型	默认值	描　述
parent	选择器|jQuery 对象|DOM 元素	false	设置是否在后代元素中应用“手风琴”效果
toggle	boolean	true	切换折叠面板的折叠展开状态

折叠面板事件如表2-49所示。

表 2-49　折叠面板事件表

事　件	描　述
show.bs.collapse	show()方法被调用的时候发生
shown.bs.collapse	元素已经展开显示时发生
hide.bs.collapse	hide()方法被调用的时候发生
hidden.bs.collapse	元素已经折叠隐藏时发生

2.4.9　下拉菜单（Dropdowns）

下拉菜单组件一般由三层元素构成，如图2-18所示，也可以用无序列表组织下拉菜单和条目，对搜索引擎更友好。

下拉菜单选项（见表2-50）可以通过以“data-”为前缀的属性发挥作用，也可以作为JavaScript方法的参数发挥作用。

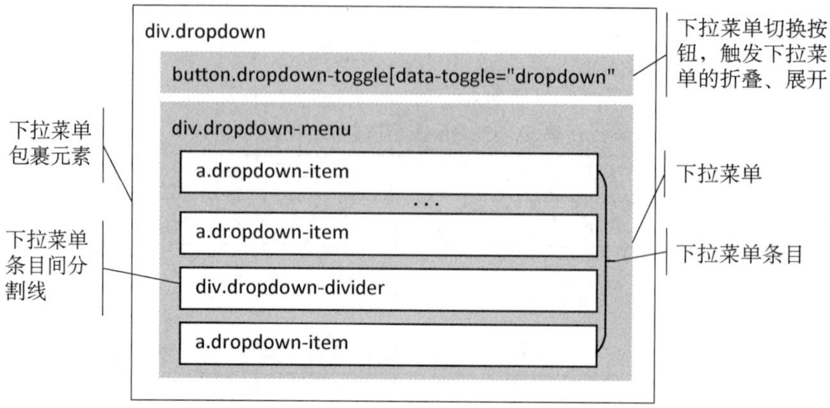

图2-18　下拉菜单元素结构示意图

表 2-50　下拉菜单常用选项表

选 项 名	类　　型	默 认 值	描　　述
offset	number | string | function	0	下拉菜单相对目标的偏移
display	string	'dynamic'	默认情况下，使用 poper.js 动态定位

下拉菜单需要通过JavaScript初始化，代码如下：

```
1. $('.dropdown-toggle').dropdown()
```

下拉菜单参数如表2-51所示。

表 2-51　下拉菜单参数表

参　　数	描　　述
options	对象类型的选项
'toggle'	切换可折叠元素的显示和隐藏状态，在转换完成前返回调用方
'show'	显示可折叠元素，在转换完成前返回调用方
'hide'	隐藏可折叠元素，在转换完成前返回调用方
'update'	更新下拉菜单的位置
'dispose'	销毁元素的下拉菜单

下拉菜单事件如表2-52所示。

表 2-52　下拉菜单事件表

事　　件	描　　述
show.bs.dropdown	show 实例方法被调用时发生
shown.bs.dropdown	下拉菜单可见时发生
hide.bs.dropdown	hide 实例方法被调用时发生
hidden.bs.dropdown	下拉菜单不可见时发生

2.4.10　表单（Form）

1. 文本类型的输入控件

文本类型输入控件包括text、password、email、number、select、textarea等，采用如图2-19所示的元素结构和样式类。

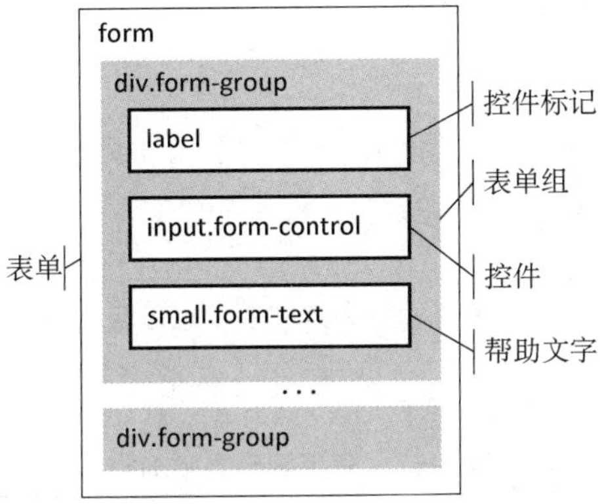

图2-19　适用于文本类型控件表单组元素结构示意

表单<form>元素相关类如表2-53所示。

表 2-53　表单<form>元素相关类

类　　名	含　　义
.form-inline	表单内的表单组呈水平布局

文本类型的控件附加类如表2-54所示。

表 2-54　文本类型的控件附加类

类　　名	含　　义
.form-control-{sm|lg}	调节控件高度
.form-control-plaintext	使输入控件表现出普通文本的外观

文本类型的控件属性如表2-55所示。

表 2-55　文本类型的控件属性

属 性 名	值	含　　义
readonly	无	布尔型属性。设置控件为只读，不允许修改

Bootstrap还为表单提供了一套定制样式，用于提升表单控件的显示效果。列表菜单定制样式相关类如表2-56所示。

表 2-56　列表菜单定制样式相关类

类　　名	含　　义
.custom-select	用于<select>元素，应用列表菜单定制样式
.custom-select-{sm|lg}	用于<select>元素，附加类，调节定制样式列表菜单的大小

2．滑块

滑块控件采用的是图的元素结构，但是控件采用类“.form-control-range”来替换“.form-control”。定制样式的滑块采用“.custom-range”。

3．单选钮和复选框

复选框、单选钮表单组元素结构，如图2-20所示。

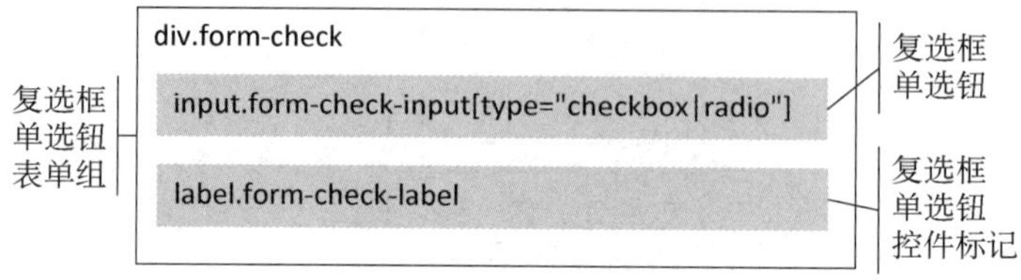

图2-20　复选框、单选钮表单组元素结构示意

表单组元素附加类如表2-57所示。

表2-57　表单组元素附加类

类　　名	含　　义
.form-check-inline	复选框、单选行内水平布局

复选框、单选钮控件附加类如表2-58所示。

表2-58　复选框、单选钮控件附加类

类　　名	含　　义
.position-static	表单组中没有label标记时，需要添加在控件上

复选框、单选钮定制样式表单组元素结构示意，如图2-21所示。

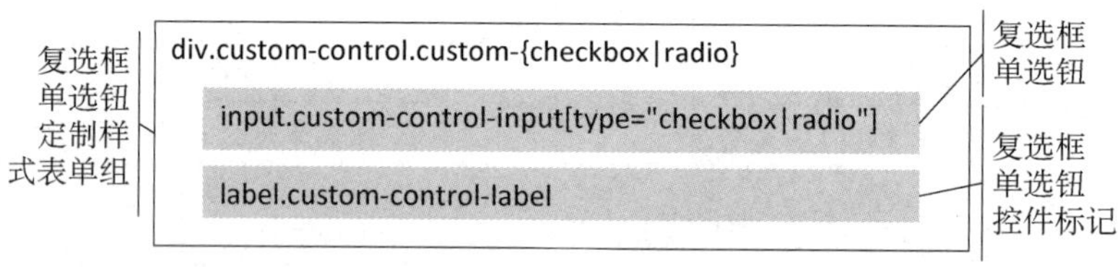

图2-21　复选框、单选钮定制样式表单组元素结构示意

定制样式表单组元素附加类如表2-59所示。

表2-59　定制样式表单组元素附加类

类　　名	含　　义
.custom-control-inline	定制样式的复选框、单选行内水平布局

定制样式可以将复选框显示为“开关”的效果，如图2-22所示。

4．文件浏览控件

默认样式的文件浏览控件采用图2-19所示的元素结构，但是控件采用类“.form-control-file”来替换“.form-control”。

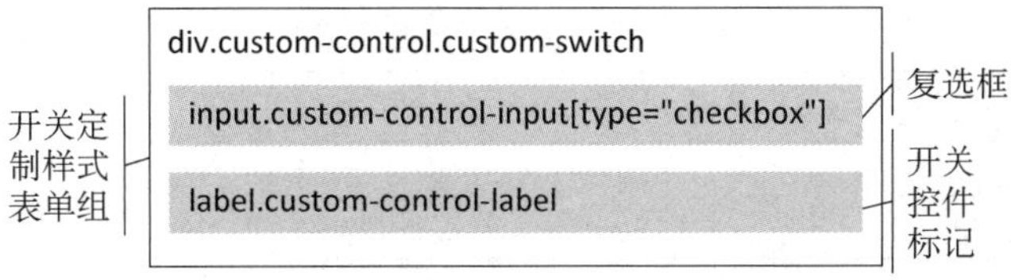

图 2-22　开关样式表单组元素结构示意

文件浏览控件定制样式的表单组元素结构如图 2-23 所示。文件浏览控件标记相关属性，如表 2-60 所示。

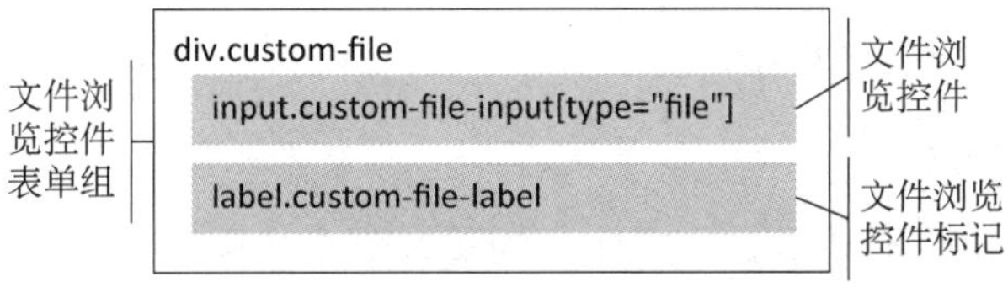

图 2-23　文件浏览控件定制样式的表单组元素结构示意

表 2-60　文件浏览控件标记相关属性

属 性 名	值	含　　义
data-browse	自定义字符串	用于定义标记元素的文字

5．表单栅格

表单内部可以使用 Bootstrap 栅格系统布局，也可以用“.form-row”来替换“.row”，从而获得更加紧凑的布局效果。表单栅格相关类如表 2-61 所示。

表 2-61　表单栅格相关类

类　　名	含　　义
.col-form-label	用于设置表单栅格中<label>标记的样式
.col-form-label-{sm|lg}	用于调节表单栅格中<label>或者<legend>标签的大小

6．表单验证

在<form>元素上应用“needs-validation”类，当单击表单中的“提交”按钮时，以 Bootstrap 的定制样式显示各内部控件验证结果。需要验证的表单元素结构，如图 2-24 所示。表单验证相关类如表 2-62 所示。

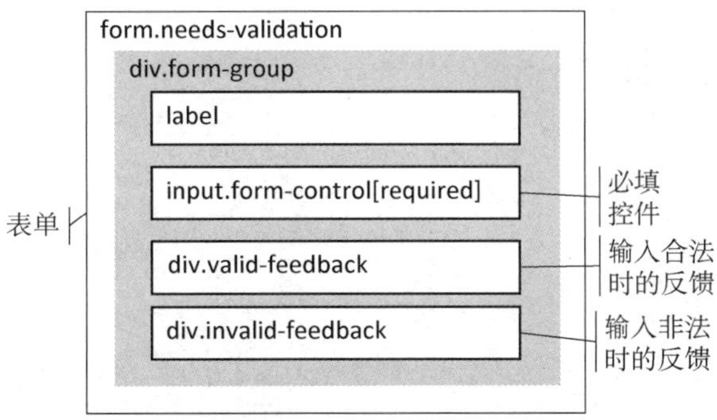

图 2-24　需要验证的表单元素结构示意

表 2-62　表单验证相关类

类　　名	含　　义
.was-validated	用于表单元素上，替换“needs-validation”类，使表单中需要验证的控件显示验证后的结果，无须触发“提交”按钮
.valid-tooltip	用于合法反馈元素上，替换“valid-feedback”类，反馈信息以工具栏的样式显示
.invalid-tooltip	用于非法反馈元素上，替换“invalid-feedback”类，反馈信息以工具栏的样式显示

2.4.11　输入组（Input group）

1．输入组控件

输入组用于更加紧凑地显示表单控件，效果如图2-25所示。输入组元素结构如图2-26所示。

图 2-25　输入组效果图

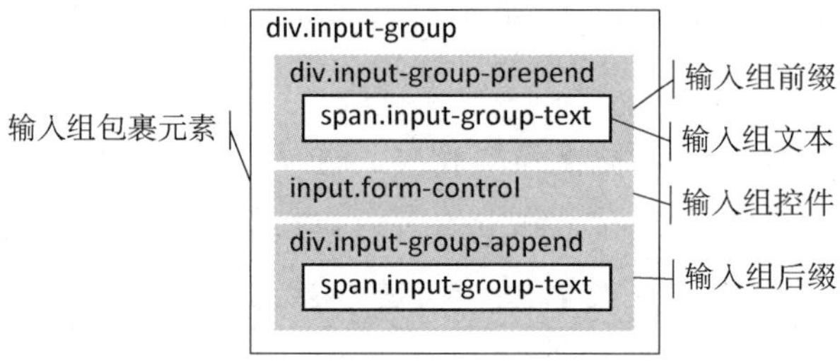

图 2-26　输入组元素结构示意图

前缀、后缀可以是span、button、checkbox、radio等多种元素。输入组包裹元素附加类，如表2-63所示。

表 2-63　输入组包裹元素附加类

类　　名	含　　义
input-group-{sm|lg}	用于调整尺寸，支持小屏和大屏响应式变化

2．输入组验证

需要验证的输入组如图2-27所示。

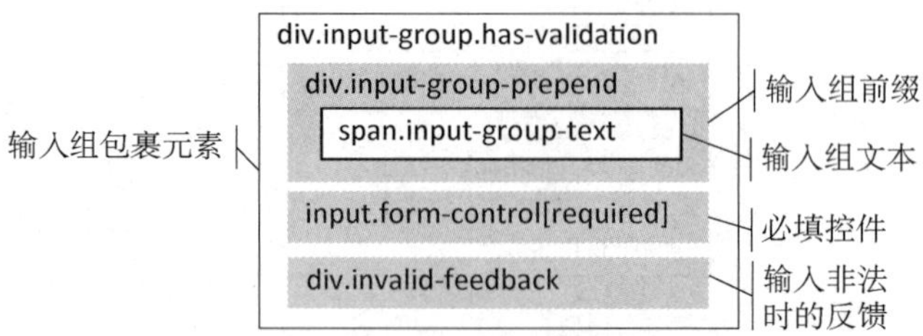

图 2-27　需要验证的输入组示意图

2.4.12　巨幕（Jumbotron）

巨幕组件可以起到广告容器的作用，基础类是“.jumbotron”。内容可以根据需求灵活设计。巨幕附加类如表2-64所示。

表 2-64　巨幕附加类

类　　名	含　　义
jumbotron-fluid	用于去掉圆角效果，内容宽度为100%

添加. jumbotron-fluid后，左右内填充清零，如果需要左右边距效果，可以在内部添加.container或者.container-fluid容器。

2.4.13　列表组（List group）

列表组可以用无序列表组织，也可以用div组织，如图2-28所示。

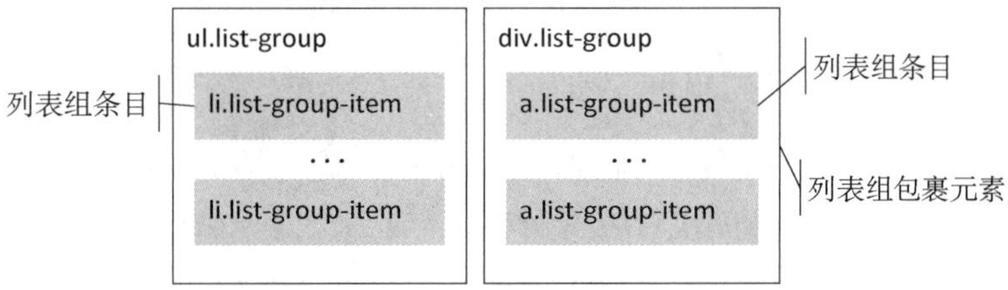

图2-28　列表组标签结构示意图

列表组包裹元素附加类如表2-65所示。

表 2-65　列表组包裹元素附加类

类　　名	含　　义
list-group-flush	列表组条目边框效果
list-group-horizontal{-sm|md|lg|xl}	列表组条目水平布局，支持响应式变化

用于列表组条目附加类如表2-66所示。

表 2-66　用于列表组条目附加类

类　　名	含　　义
active	设置为活跃样式
disabled	设置为禁用样式
list-group-item-action	用于超链或者按钮标签条目上，当鼠标单击时改变样式
list-group-item-主题色	用于设置列表组条目背景色

2.4.14　媒体对象（Media object）

媒体对象用于实现页面中的图文单元，元素结构如图2-29所示，图、文的位置由标签出现的先后顺序决定。“.media-body”中的内容可根据需求灵活设计。

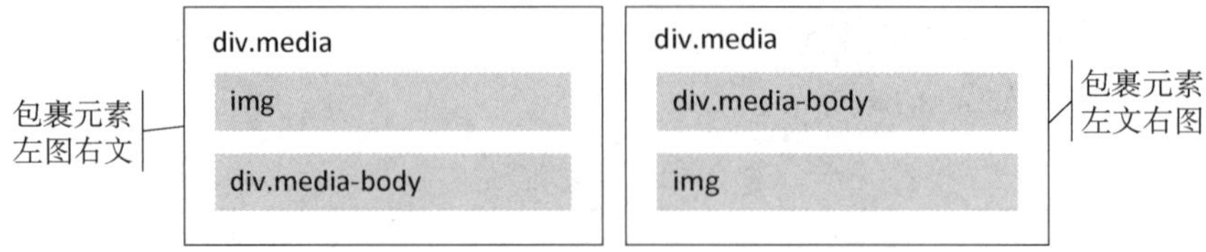

图2-29　媒体对象标签结构示意图

<img>位置设置类如表2-67所示。

表2-67　<img>位置设置类

类　　名	含　　义
align-self-start	图片垂直居上
align-self-center	图片垂直居中
align-self-end	图片垂直居下

2.4.15　模态框（Modal）

模态框向网页中添加对话框，并同时遮蔽网页，用户在对对话框以外的应用程序进行操作时，必须首先对该对话框进行响应。模态框元素结构如图2-30所示。

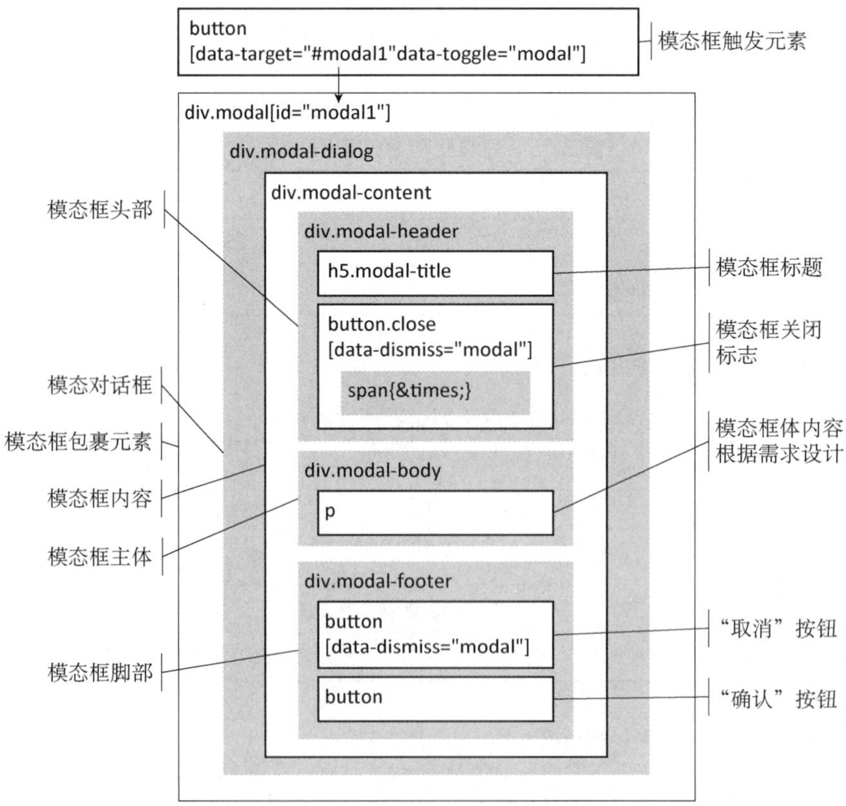

图2-30　模态框元素结构示意图

模态框包裹元素附加类如表2-68所示。

表 2-68　模态框包裹元素附加类

类　　名	含　　义
.fade	为模态框添加淡入淡出动画效果

模态对话框元素附加类如表2-69所示。

表 2-69　模态对话框元素附加类

类　　名	含　　义
.modal-dialog-scrollable	在滚动窗口中显示较长的对话框内容
.modal-dialog-centered	模态对话框在视口中垂直居中
.modal-{sm|lg|xl }	设置对话框最大宽度。sm:300px，lg:800px，xl:1140px，默认为 500px

模态框其他附加属性以“data-”为前缀，以表2-70中的选项名为后缀。模态对话框选项如表2-70所示。

表 2-70　模态对话框选项

名　　称	类　　型	默 认 值	描　　述
backdrop	boolean 或者 string	true 或者'static'	单击遮罩层时，模态框不会消失，只有单击设置了 data-dismiss="modal"的关闭按钮，模态框才会消失
keyboard	boolean	true	按下 Esc 键时关闭模态框
focus	boolean	true	初始化后在模态框中聚焦
show	boolean	true	初始化后显示模态框

JavaScript API：模态框组件提供了modal()方法，可以通过JavaScript启动模态框，语法如下：

```
1. . $(selector).modal(param)
```

方法参数如表2-71所示。

表 2-71　方法参数表

参　　数	描　　述
options	以选项表中的选项作为属性的对象
'toggle'	切换模态框
'show'	显示模态框
'hide'	隐藏模态框
' handleUpdate'	模态框打开状态下如果模态框高度改变了，更新模态框的位置
'dispose'	销毁元素的模态框

模态框常用事件如表 2-72 所示。

表 2-72　模态框常用事件

事　　件	描　　述
show.bs.modal	hide 实例方法被调用时发生
shown.bs.modal	当模态框被用户可见时发（等待 CSS 转换完成）
hide.bs.modal	hide 实例方法已经被调用时发生
hidden.bs.modal	当模态框被用户不可见时发生（等待 CSS 转换完成）

2.4.16　导航（Navs）

导航组件如果需要对搜索引擎友好，可以用无序列表组织，否则可以简化为图 2-31 右侧所示的元素结构。

导航包裹元素附加类如表 2-73 所示。

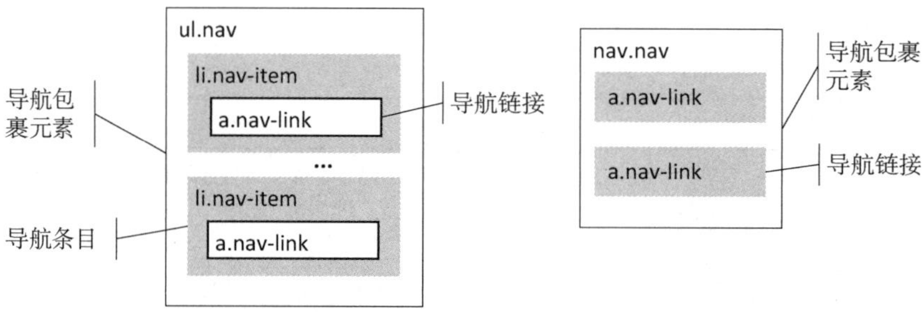

图 2-31　导航组件元素结构及简化结构示意图

表 2-73　导航包裹元素附加类

类　　名	含　　义
justify-content-{center|end}	居中/居右，默认居左
nav-tabs	选项卡式导航
nav-pills	胶囊式导航
nav-fill	导航单元占全部宽度，导航单元不等宽
nav-justified	导航单元占全部宽度，每个导航单元等宽

导航链接附加类如表 2-74 所示。

表 2-74　导航链接附加类

类　　名	含　　义
active	活跃状态
disabled	禁用导航链接

1．选项卡

导航组件还可以完成“选项卡”功能，导航包裹元素上附加“nav-tabs”类，如果需要胶囊式外观，则附加“nav-pills”类。元素结构如图 2-32 所示。

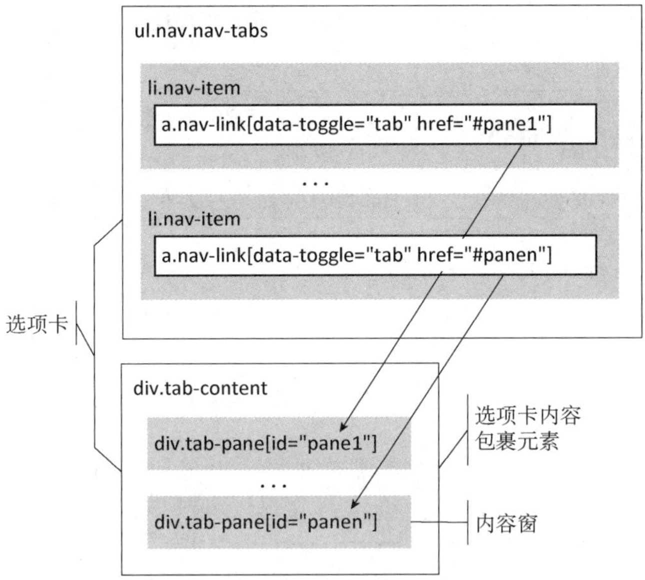

图2-32　“选项卡”元素结构示意图

2．JavaScript API

选项卡方法如表2-75所示。

表 2-75　选项卡方法列表

方　　法	描　　述
.tab('show')	在导航链接元素上使用，显示对应的内容窗
.tab('dispose')	在导航链接元素上使用，关闭对应的内容窗

选项卡事件如表2-76所示。

表 2-76　选项卡事件列表

事　　件	描　　述
show.bs.tab	显示选项时（显示之前）发生。event.target：当前活跃选项，event.relatedTarget：前一个活跃选项
shown.bs.tab	显示选项时（显示之后）发生。event.target：当前活跃选项，event.relatedTarget：前一个活跃选项
hide.bs.tab	新选项即将显示（当前活跃选项即将隐藏）时发生。event.target：当前活跃选项，event.relatedTarget：即将成为活跃状态的选项
hidden.bs.tab	新选项已经显示时发生。event.target：前一个活跃选项，event.relatedTarget：新的活跃选项

2.4.17　导航栏（Navbar）

导航栏组件由包裹元素和内容组成。包裹元素的基础类是“.navbar”。其附加类如表2-77所示。

表 2-77　导航栏包裹元素附加类

类　　名	含　　义
.navbar-expand-{sm|-md|-lg|-xl}	用于设置导航栏扩展的视口断点，与导航内容中导航条目的布局有关
.navbar-{dark|-light}	为深色|浅色背景的导航栏设置配色方案

导航栏支持的内容元素如图2-33所示。

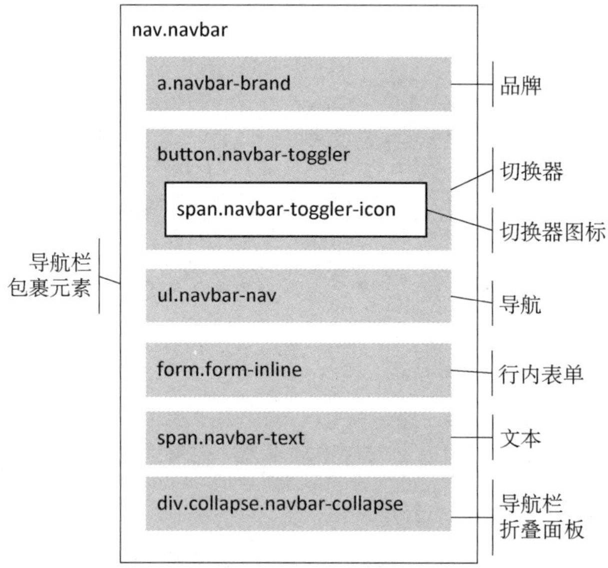

图2-33　导航栏内容示意图

导航栏内容类如表2-78所示。

表2-78　导航栏内容类

类　　名	含　　义
.navbar-brand	品牌，用于展示网站LOGO、名称
.navbar-nav	导航，当视口宽度小于导航栏expand断点时，导航条目垂直布局；大于等于断点时，水平布局
.navbar-toggler	导航栏切换器，触发折叠展开效果切换，当视口宽度小于断点时显示，大于等于断点时隐藏
.collapse.navbar-collapse	导航栏折叠面板，当视口宽度小于断点时独占一行
.form-inline	行内表单
.navbar-text	纯文本内容，文字垂直居中

2.4.18　分页（Pagination）

分页组件元素结构如图2-34所示。

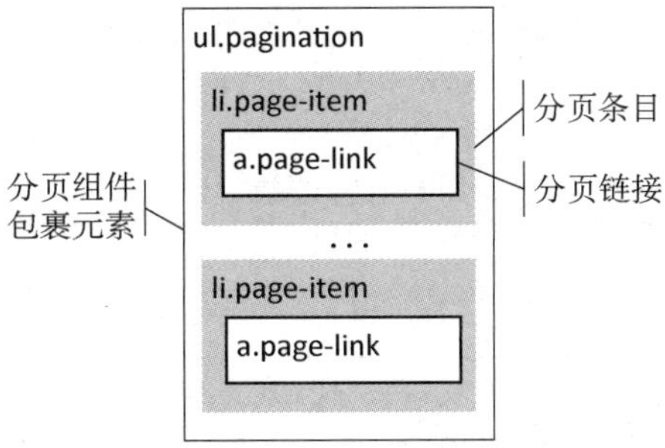

图2-34　分页组件元素结构示意图

分页条目附加类如表2-79所示。

表2-79　分页条目附加类

类　　名	含　　义
.active	页码显示活跃状态

2.4.19　弹出框（Popover）

1．JavaScript API

任何元素上都可以添加弹出框。弹出框组件必须通过调用popover()方法启用，语法如下：

```
1. $(selector).popover(param)
```

弹出框的内容、出现的位置等要素可以通过在元素上设置属性来实现，也可以利用popover方法参数设置来实现。通过标签属性实现时，属性以“data-”为前缀，以表2-80中的选项名为后缀。例如，在标签中设置弹出框标题，使用“data-title”属性。

表2-80　常用弹出框选项

名　　称	类　　型	默认值	描　　述
animation	boolean	true	启用淡入淡出动画效果
container	string | element | false	false	在指定元素的末尾添加弹出框
content	string | element | function	''	默认内容
delay	number | object	0	值为数字时，设置显示和隐藏的延迟时长；也可以采用对象分别设置显示或者隐藏的时长。例如，delay: { "show": 500, "hide": 100 }
html	boolean	false	是否允许向弹出框中插入HTML，默认为false，将被解析为文本插入到DOM中
placement	string | function	'right'	“弹出框”的位置，可选值有'auto' |' top' |' bottom' | 'left' |'right'
title	string | element | function	''	默认标题
trigger	string	'click'	触发方式，可选值有'click'| 'hover'|'focus'|'manual'，同时允许多种方式时，可用空格隔开。“manual”方式不能与其他方式一同配置

编程实现时，表2-80中的选项作为参数传递给popover方法，popover方法参数如表2-81所示。

表2-81 方法参数表

参　　数	描　　述
options	以选项表中选项作为属性的对象
'toggle'	切换元素的弹出框
'show'	显示元素的弹出框
'hide'	隐藏元素的弹出框
'enable'	启用弹出框
'disable'	禁用弹出框
'toggleEnabled'	切换启用/禁用状态
'update'	更新弹出框的位置
'dispose'	隐藏并且销毁元素的弹出框

弹出框事件如表2-82所示。

表2-82 弹出框事件表

事　　件	描　　述
show.bs.popover	show实例方法调用时发生
shown.bs.popover	弹出框为用户可见时发生（CSS转换已经完成）
hide.bs.popover	hide实例方法调用时发生
hidden.bs.popover	弹出框为用户不可见时发生（CSS转换已经完成）
inserted.bs.popover	show.bs.popover事件发生后，弹出框模板被添加到DOM中后发生

注意：在元素上设置data-toggle= 'popover'，并不能启用弹出框，为元素设置data-toggle= 'popover'的意义在于可以通过属性选择器激活所有弹出框。示例语句如下：

```
1. $('[data-toggle="popover"]').popover();
```

2.4.20 进度条（Progress）

进度条的进度通过CSS width属性设置，例如，style="width: 10%"设置进度条的进度为10%。进度条元素结构如图2-35所示。

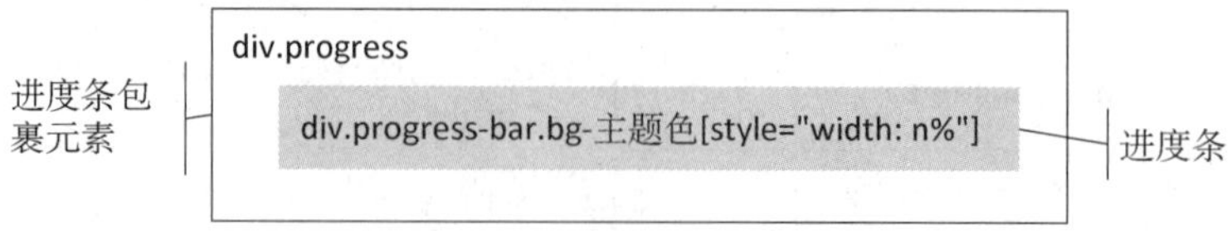

图2-35 进度条元素结构示意图

进度条附加类如表2-83所示。

表 2-83　进度条附加类

类　　名	含　　义
.progress-bar-striped	条纹状的进度条
.progress-bar-animated	与.progress-bar-striped 一起应用，具有动画效果的条纹进度条

2.4.21　加载动画（Spinners）

两种加载动画的元素结构，如图 2-36 所示，加载动画附加类，如表 2-84 所示。还可以通过设置CSS width属性设置，设置加载动画的大小。

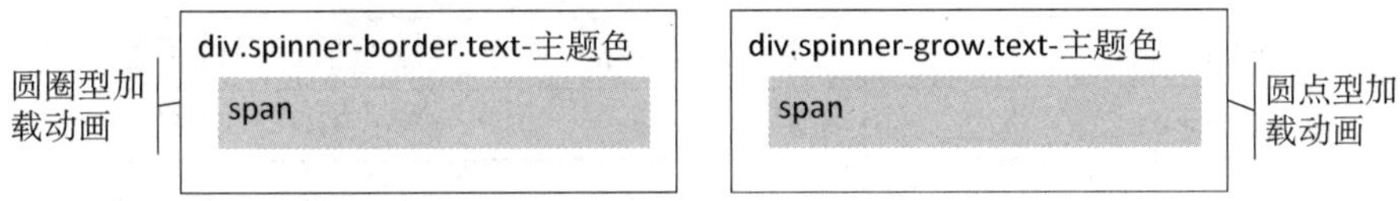

图 2-36　两种加载动画的元素结构示意图

表 2-84　加载动画附加类

类　　名	含　　义
.spinner-{border|grow}-sm	小号的加载动画

2.4.22　信息提示框（Toasts）

信息提示框元素结构如图 2-37 所示。

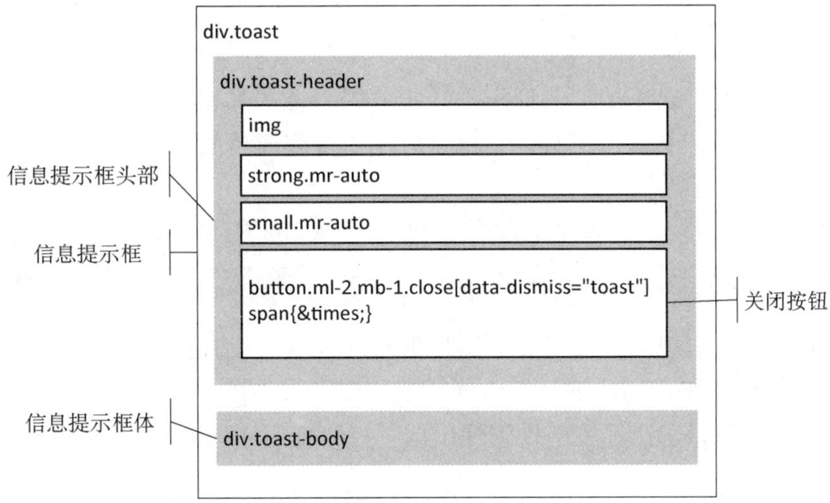

图 2-37　信息提示框元素结构示意图

JavaScript API：信息提示框需要通过JavaScript初始化，代码如下：

```
$('.toast').toast('show')
```

信息提示框选项如表 2-85 所示。

表 2-85 信息提示框选项

名　称	类　型	默认值	描　述
animation	boolean	true	在信息提示框上应用淡入淡出动画效果
autohide	boolean	true	自动隐藏信息提示框
delay	number	500	隐藏延迟的时间（ms）

信息提示框方法如表2-86所示。

表 2-86 信息提示框方法列表

方　法	描　述
.toast('show')	显示信息提示框，在完成显示前返回调用方
.toast('hide')	隐藏信息提示框，在完成隐藏前返回调用方
.toast ('dispose')	隐藏信息提示框，仍然保留在DOM树中但是不再显示

信息提示框事件如表2-87所示。

表 2-87 信息提示框事件

事　件	描　述
show.bs.toast	show实例方法被调用时发生
shown.bs. toast	信息提示框被用户可见时发生
hide.bs.toast	hide实例方法已经被调用时发生
hidden.bs.toast	信息提示框不被用户可见时发生

2.4.23 工具提示框（Tooltip）

在任何元素上都可以添加工具提示框，工具提示框与弹出框的外观及用法很相似，两者在应用场景上稍有不同，工具提示框一般用于内容简单的“轻量”提示信息，默认的触发方式是“鼠标悬浮”。

JavaScript API：工具提示框组件必须通过调用tooltip()方法启用，代码如下：

```
$(selector).tooltip(param)
```

弹出框的内容、出现的位置等要素可以通过在元素上设置属性来实现，也可以通过tooltip()方法参数设置来实现。通过标签属性实现时，属性以“data-”为前缀，以表2-88中的名称为后缀。例如，在标签中设置弹出框标题，使用“data-title”属性。

表 2-88 常用弹出框选项

名　称	类　型	默认值	描　述
animation	boolean	true	启用淡入淡出动画效果
container	string | element | false	false	在指定元素的末尾添加弹出框
delay	number | object	0	值为数字时设置的是显示和隐藏的延迟时长；也可以采用对象分别设置显示或者隐藏的时长

（续表）

名　称	类　型	默认值	描　述
html	boolean	false	是否允许向工具提示框中插入 HTML，默认为 false，将被解析为文本插入到DOM中
placement	string | function	'top'	工具提示框的位置，可选值有'auto' |' top' |' bottom' | 'left' |'right'
title	string | element | function	''	默认标题
trigger	string	'hover focus'	触发方式，可选值有'click'| 'hover' | 'focus' | 'manual'同时允许多种方式时，用空格隔开。“manual”方式不能与其他方式一同配置

编程实现时，表2-88中的选项作为参数传递给tooltip()方法，方法参数如表2-89所示。

表2-89　方法参数表

参　数	描　述
options	以选项表中选项作为属性的对象
'toggle'	切换元素的信息提示框
'show'	显示元素的信息提示框
'hide'	隐藏元素的信息提示框
'enable'	启用信息提示框
'disable'	禁用信息提示框
'toggleEnabled'	切换启用/禁用状态
'update'	更新信息提示框的位置
'dispose'	隐藏并且销毁元素的信息提示框

弹出框事件如表2-90所示。

表2-90　弹出框事件表

事　件	描　述
show.bs.tooltip	show 实例方法调用时发生
shown.bs.tooltip	信息提示框为用户可见时发生（CSS 转换已经完成）
hide.bs.tooltip	hide 实例方法调用时发生
hidden.bs.tooltip	信息提示框为用户不可见时发生（CSS 转换已经完成）
inserted.bs.tooltip	show.bs.tooltip 事件发生后，信息提示框模板已经被添加到 DOM 中后发生

2.5　图标（icon）

Bootstrap4 图标网站首页上列举了可用的 1200 余种图标，在图标板块右上角的搜索框中输入需要使用的图标名称，可以提高查找效率，快速找到需要使用的图标，如图2-38

所示。

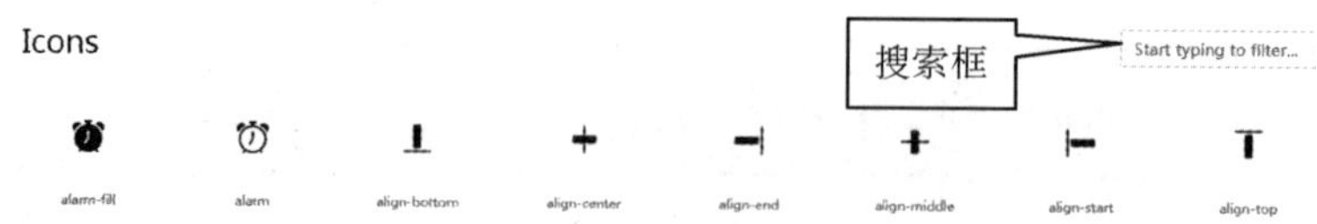

(a) 图标页面的搜索框

(b) 搜索框中输入搜索条件

图 2-38 搜索图标

单击准备使用的图标，进入该图标的使用说明页，如图 2-39 所示。

图 2-39 图标的使用说明页

Bootstrap4 图标的使用方式有 3 种，分别是：<img>标签使用、SVG 文档片段使用及 Web 字体使用。

2.5.1 方式 1：<img>标签使用

单击图标说明页面上的“Download SVG”按钮，如图 2-40 所示，选择文件下载的目录后单击“下载”按钮。

图 2-40 单击“Download SVG”按钮

在合适的位置添加<img>标签，并将 src 设置为下载的 SVG 文件，可以通过设置图片width和height属性来改变大小，缺点是不能方便地通过CSS设置颜色。

```
<img src="img/people.svg" style="width:20px;height:20px">
```

如果项目中需要大量使用 Bootstrap4 svg 图标，可以打包下载图标库，单击Bootstrap4图标页面中的“Install”链接，如图2-41所示。

图2-41　单击“Install”链接

页面导航至“Install”部分，单击“Download”部分的“Download lasted ZIP”按钮（见图2-42），进入Github下载页面，页面最下方提供了下载链接，单击下载字体库如图2-43所示。解压缩到项目相应的目录下，目录结构如图2-44所示。

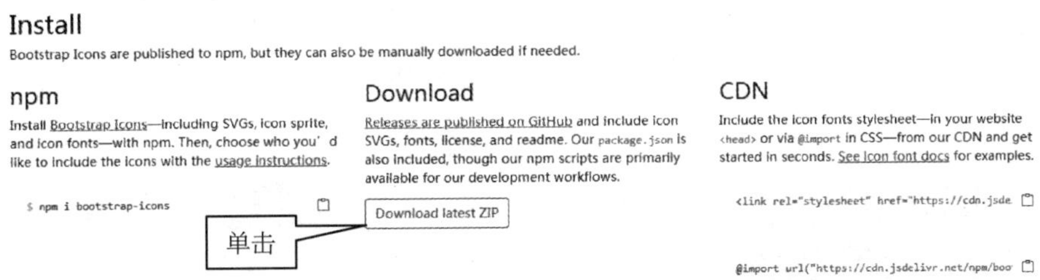

图2-42　单击“Download lasted ZIP”按钮

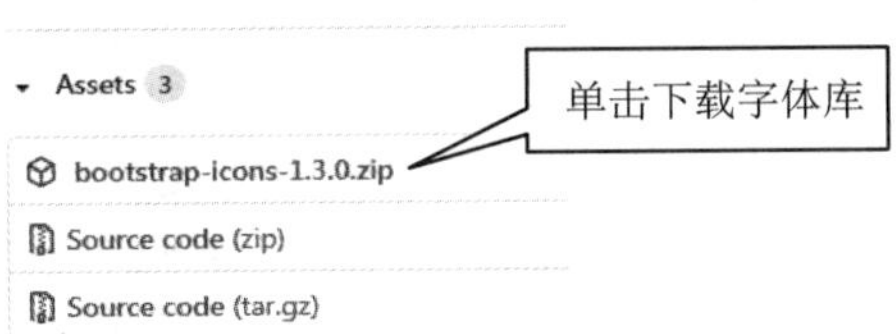

图2-43　单击下载字体库

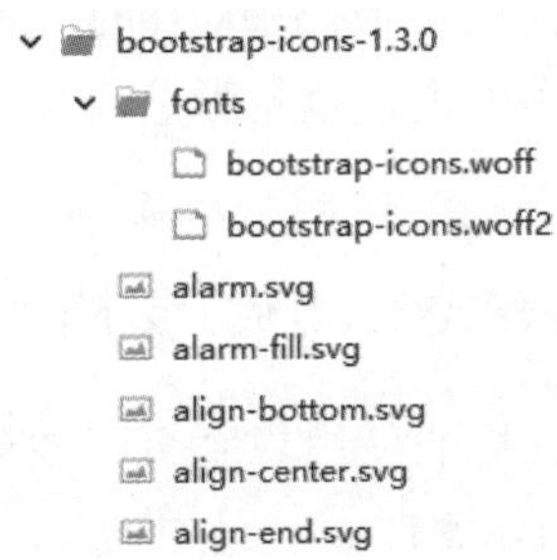

图2-44　图标库目录结构

所有Bootstrap图标字体SVG文件都在这个目录下，正确地设置路径就可以使用了。

2.5.2　方式2：Web字体使用

Web字体需要Bootstrap图标样式库的支持。单击“CDN”部分的 □ 图标，如图2-45所示，将复制的Bootstrap字体样式库的网络引用粘贴至使用图标的HTML文件<head></head>部分，代码如下：

```
<link rel="stylesheet" href="https://cdn.jsdelivr.net/npm/bootstrap-icons@1.3.0/font/bootstrap-icons.css">
```

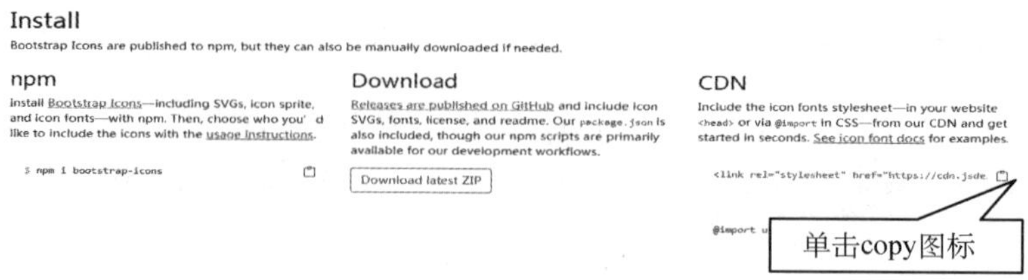

图2-45　复制网络引用link标签

也可以使用下载的字体库中的“bootstrap-icons.css”文件进行本地引用。注意：bootstrap-icons.css 中需要使用 fonts 目录下的 bootstrap-icons.woff 和 bootstrap-icons.woff2 文件，所以 bootstrap-icons.css 文件的位置不要随意移动。

引入图标样式库后，单击图标，单击使用说明页面中“Icon font”部分的 图标，将复制的 Web 字体标签粘贴至 HTML 文件相应的位置即可显示图标，如图 2-46 所示。

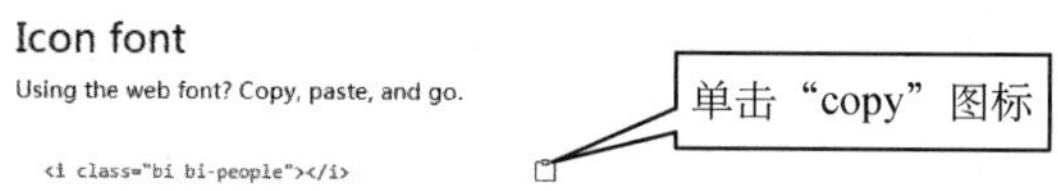

图2-46　复制Web字体标签

我们可以像设置普通文字一样设置Web字体的颜色和大小。

```
1. <i class="bi bi-people"></i>
2. <I class="bi bi-people text-light bg-dark" style="font-size:2rem"></i>
```

上面例子代码中第1行是复制的原始标签，第2行设置了文字颜色、背景颜色及文字大小，标签简洁。效果如图2-47所示。

图2-47　Web字体显示效果

2.5.3　方式3：SVG文档片段使用

在图标的使用说明页，找到“Copy HTML”部分，如图2-48所示，单击svg标签右上角的 图标。

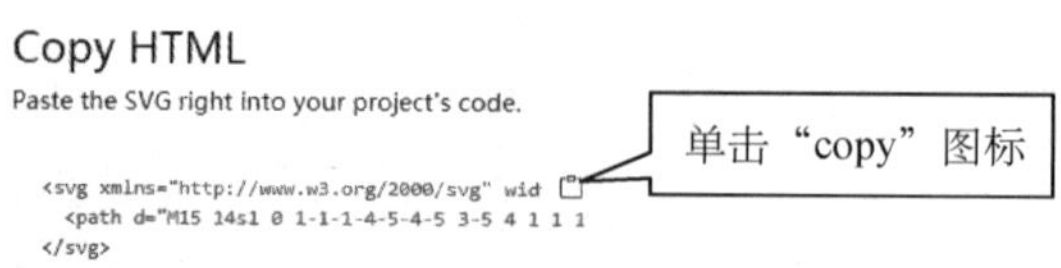

图2-48　复制svg标签

将复制好的代码粘贴至代码中即可显示图标。可以设置svg的fill属性的值来定义图标颜色；通过设置width、height及viewBox来放大或者缩小svg图标。

```
<svg xmlns="http://www.w3.org/2000/svg" width="16" height="16" fill="currentColor" class="bi bi-people" viewBox="0 0 16 16">
```

```
<path d="M15 14s1 0 1-1-1-4-5-4-5 3-5 4 1 1 1 1h8zm-7.978-1A.261.261 0 0 1 7 12.996c.001-.264.167-1.03.76-1.72C8.312 10.629 9.282 10 11 10c1.717 0 2.687.63 3.24 1.276.593.69.758 1.457.76 1.721-.008.002a.274.274 0 0 1-.014.002H7.022zM11 7a2 2 0 1 0 0-4 2 2 0 0 0 0 4zm3-2a3 3 0 1 1-6 0 3 3 0 0 1 6 0zM6.936 9.28a5.88 5.88 0 0 0-1.23-.247A7.35 7.35 0 0 0 5 9c-4 0-5 3-5 4 0 .667.333 1 1 1h4.216A2.238 2.238 0 0 1 5 13c0-1.01.377-2.042 1.09-2.904.243-.294.526-.569.846-.816zM4.92 10A5.493 5.493 0 0 0 4 13H1c0-.26.164-1.03.76-1.724.545-.636 1.492-1.256 3.16-1.275zM1.5 5.5a3 3 0 1 1 6 0 3 3 0 0 1-6 0zm3-2a2 2 0 1 0 0 4 2 2 0 0 0 0-4z"/>
</svg>
```

这种方式可以设置颜色和大小，不需要引用Bootstrap图标样式库。项目中有少量图标时可以考虑采用这种方式。

第 3 章　jQuery 技术资料

jQuery编程需要引用jQuery库，本教材引用的jQuery库版本为3.5.1。限于篇幅，本章仅列出后续项目中与任务相关的重要知识点，教材配套的网络课程中提供了示例源代码。

3.1　jQuery 核心方法

DOM是JavaScript与HTML的编程接口，将DOM对象转换为jQuery对象后才可以使用jQuery的方法。jQuery的核心方法jQuery()可以将DOM对象转换为jQuery对象，jQuery使用“$”作为jQuery的简写方式。jQuery核心方法如表3-1所示。

表3-1　jQuery核心方法

语　　法	描述与参数说明
jQuery(domObj|string)	获取jQuery对象。domObj 表示 DOM对象，string 表示字符串类型的CSS选择器

例如，JavaScript的this关键字指向当前DOM对象，那么“$(this)”指向当前jQuery对象。

```
<body>
    <div id="div1"></div>
</body>
<script src="jquery-3.6.0.min.js"></script>
<script>
    //将document转换为jQuery对象
    $document=jQuery(document);
    console.log($document);
    div1DOM=document.getElementById('div1');
     //将div1DOM转换为jQuery对象，$是jQuery的简写
     $div1=$(div1DOM);
     console.log($div1);
 </script>
```

从图3-1中可以看出jQuery对象的存储结构是类数组对象，采用类似数组元素访问的方法从jQuery对象中获得元素相应的DOM对象。

```
▼E.fn.init(1)
  ▶0: document
   length: 1
  ▶__proto__: Object(0)
▼E.fn.init(1)
  ▶0: div#div1
   length: 1
  ▶__proto__: Object(0)
```

图 3-1　jQuery 对象存储结构

3.2　jQuery 选择器

3.2.1　基本选择器

jQuery 基本选择器如表 3-2 所示。

表 3-2　jQuery 基本选择器

语　　法	描　　述
$('#id')	获取指定 id 的元素
$('element')	获取指定名称的元素
$('.class')或$('.class1.class2.classn')	获取应用了指定 CSS 类的元素
$('*')	获取所有元素
$('selector1,selector2,selectorN ')	获取多个选择器指定的所有元素

3.2.2　层次选择器

jQuery 层次选择器如表 3-3 所示。

表 3-3　jQuery 层次选择器

语　　法	描　　述
$('ancestor descendant')	获取 descendant 选择器指定的元素且其祖先元素满足 ancestor 选择器指定的条件的元素
$('parent > child')	获取 child 选择器指定的元素且其父元素满足 parent 选择器指定的条件的元素
$('prev + next')	获取 next 选择器指定的元素且与其相邻的前兄弟元素满足 prev 选择器指定的条件的元素
$('prev～siblings')	获取 siblings 选择器指定的元素且与其前兄弟元素满足 prev 选择器指定的条件的元素

3.2.3　过滤选择器

jQuery 过滤选择器如表 3-4 所示。

表 3-4 jQuery 过滤选择器

语　法	描　述
$('selector1:not(selector2)')	获取 selector1 指定集合中除去 selector2 指定子集的所有元素
$('selector:header')	获取指定集合中所有的标题元素，如 hq、h2 等
$('selector:animated')	获取指定集合中当前正在执行动画的元素
$('selector:contains(text)')	获取指定集合中含有文本内容为“text”的元素
$('selector:empty')	获取指定集合中不包含子元素或者文本的空元素的集合
$('selector:has(selector)')	获取指定集合中含有选择器所匹配的元素的集合
$('selector:parent')	获取指定集合中含有子元素或者文本的元素的集合
$('selector:hidden ')	获取指定集合中所有不可见元素
$('selector:visible')	获取指定集合中当前可见的元素
$('selector:first-child')	获取所有是其父元素的第一个子元素的元素
$('selector:first-of-type')	获取所有是其父元素的指定类型的第一个子元素的元素
$('selector:last-child')	获取所有是其父元素的最后一个子元素的元素
$('selector:last-of-type')	获取所有是其父元素的指定类型的最后一个子元素的元素
$('selector:nth-child()')	获取所有是其父元素指定序号的子元素的元素，序号从 1 开始
$('selector:nth-last-child()')	获取所有是其父元素指定序号的子元素的元素，顺序从后往前，序号从 1 开始
$('selector:nth-last-of-type()')	获取所有是其父元素指定序号的子元素的元素，顺序从后往前
$('selector:nth-of-type()')	获取所有是其父元素指定序号的子元素的元素
$('selector:only-child')	获取所有是其父元素唯一的子元素的元素
$('selector:only-of-type ')	获取所有是其父元素唯一的指定类型子元素的元素

3.2.4 属性选择器

jQuery 属性选择器如表 3-5 所示。

表 3-5 jQuery 属性选择器

语　法	描　述
$('selector[attribute]')	获取包含给定属性的所有元素
$('selector[attribute=value]')	获取给定属性等于某特定值的所有元素
$('selector[attribute*=value]')	获取指定属性值包含给定字符串的所有元素
$('selector[attribute～=value]')	获取指定属性值中包含给定单词（由空格分隔）的元素
$('selector[attribute!=value]')	获取不包含指定属性，或者包含指定属性但该属性不等于某个值的所有元素
$('selector[attribute^=value]')	获取给定属性是以某特定值开始的所有元素
$('selector[attribute$=value]')	获取给定属性是以某特定值结尾的所有元素
$('selector[selector1][selector2]...[selector[N] ')	获取同时满足多个条件的所有元素

3.2.5　表单选择器

jQuery 表单过滤选择器如表 3-6 所示。

表 3-6　jQuery 表单过滤选择器

语　　法	描　　述
$('selector:button')	获取指定集合中所有 type="button"的元素和<button>元素
$('selector:checkbox ')	获取指定集合中所有 type="checkbox"的元素
$('selector: file '):file	获取指定集合中所有 type="file"的元素
$('selector: focus ')	获取指定集合中所有获得焦点的元素
$('selector: image ')	获取指定集合中所有 type="image"的元素
$('selector: input ')	获取指定集合中所有<input>、<textarea>、<select>、<button>元素
$('selector: password ')	获取指定集合中所有 type="password"的元素
$('selector: radio ')	获取指定集合中所有 type="radio"的元素
$('selector: reset ')	获取指定集合中所有 type="reset"的元素
$('selector: submit ')	获取指定集合中所有 type="submit"的元素
:text	获取指定集合中所有 type="text"的元素
$('selector:enabled ')	获取指定集合中所有所有启用状态的元素，用于<button>、<input>、<optgroup>、<option>、<select>以及<textarea>
$('selector:disabled ')	获取指定集合中所有禁用状态的元素
$('selector:selected ')	获取指定集合中所有被选取的<option>元素
$('selector:checked')	获取指定集合中所有被选中的复选框、按钮和列表菜单元素

3.3　jQuery 操作 DOM

3.3.1　读取和设置 HTML 元素

读取设置 HTML 元素方法如表 3-7 所示。

表 3-7　读取设置 HTML 元素方法

方　　法	描述与参数说明
.html()	获取指定元素集合中第一个元素的 HTML 内容 返回值：字符串
.html(htmlString)	设置指定元素集合中每个元素的 HTML 内容 htmlString：HTML 字符串
.html(function(index,oldhtml))	设置指定元素集合中每个元素的 HTML 内容 function：返回 HTML 字符串的函数。index：当前元素在集合中的索引。oldhtml：当前元素原有的 HTML 内容

（续表）

方　　法	描述与参数说明
.text()	获取指定元素集合中所有元素包括其子元素的文本内容 返回值：字符串
.text(text)	设置指定元素集合中每个元素的HTML内容 text：要设置为内容的字符串
.text(function(index,text))	设置指定元素集合中每个元素的HTML内容 function：返回内容字符串的函数。index：当前元素在集合中的索引。text：当前元素原有的文本
.attr(attributeName)	获取指定元素集合中第一个元素的指定标签属性的值 attributeName：标签属性的名字
.attr(attributeName,value)	设置指定元素集合中每个元素的指定标签属性的值 value：字符串、Number或者Null，要设置的值
.attr(attributeName, function(inex,oldValue))	设置指定元素集合中每个元素的指定标签属性的值 function：函数，返回要设置的值。index：当前元素在集合中的索引。currentValue：当前元素标签属性原有的值
.attr(attributes)	设置指定元素集合中每个元素的一个或多个标签属性的值，attributes：JavaScript简单对象，标签属性键值对
.prop(propertyName)	获取指定元素集合中第一个元素的指定DOM属性的值 propertyName：DOM属性的名字
.prop(propertyName,value)	设置指定元素集合中每一个元素的指定DOM属性的值 value：字符串、Number或者Null，要设置的值
.prop(propertyName, function(inex,oldPropertyValue))	设置指定元素集合中每个元素的指定DOM属性的值 function：函数，返回要设置的值。index：当前元素在集合中的索引。oldPropertyValue：当前元素DOM属性原有的值
.prop(properties)	设置指定元素集合中每个元素的一个或多个DOM属性的值，properties：JavaScript简单对象，DOM属性键值对
.val()	获取指定元素集合中第一个元素的值 返回值：字符串、数或者数组
.val(value)	设置指定元素集合中每一个元素的值 value：字符串、数或者数组
.val(function(index,value))	设置指定元素集合中每一个元素的HTML内容 function：返回要设置的值，函数。index：当前元素在集合中的索引。value：当前元素原有的值

3.3.2　向HTML元素添加内容

向HTML元素添加内容方法如表3-8所示。

表3-8　向HTML元素添加内容方法

方　　法	描述及参数说明
.prepend(content1,…,contentN或 .prepend (function(index,html))	在指定元素集合中每个元素开头添加内容 content：要添加的一个或者多个内容。类型：HTML字符串、DOM元素、文本、数组、jQuery对象。function：返回要添加的内容。index：当前元素在集合中的索引。html：当前元素原有的HTML

（续表）

方　　法	描述及参数说明
.prependTo(target)	将指定元素添加到目标集合中每个元素的开头 target：目标元素集合。类型：选择器、HTML 字符串、DOM 元素、数组、jQuery 对象
.append(content1,…,contentN)或 .append(function(index,html))	在指定元素集合中每个元素的结尾添加内容 content：要添加的一个或者多个内容。类型：HTML 字符串、DOM 元素、文本、数组、jQuery 对象 function：返回要添加的内容
.appendTo(target)	将内容添加到指定目标集合中每个元素的结尾 target：目标元素集合。类型：选择器、HTML 字符串、DOM 元素、数组、jQuery 对象
.before(content1,…,contentN) 或 .before (function(index,html))	向指定元素集合的每个元素前面添加内容 content：要添加的一个或者多个内容。类型：HTML 字符串、DOM 元素、文本、数组、jQuery 对象 function：返回要添加的内容
.insertBefore(target)	指定内容集合添加到目标集合中每个元素的前面 target：目标元素集合。类型：选择器、HTML 字符串、DOM 元素、数组、jQuery 对象
.after(content1,…,contentN) 或 .after (function(index,html))	向指定元素集合的每个元素的后面添加内容 content：要添加的一个或者多个内容。类型：HTML 字符串、DOM 元素、文本、数组、jQuery 对象 function：返回要添加的内容
.insertAfter(target)	将指定元素集合添加到目标集合中每个元素的后面 target：目标元素集合。类型：选择器、HTML 字符串、DOM 元素、数组、jQuery 对象
.wrap(wrappingElement|function)	将指定集合中的每个元素用指定的HTML结构包裹起来 wrappingElement：选择器、元素、HTML 字符串或jQuery 对象，指明包裹HTML结构 function：返回包裹HTML结构的函数
.wrapInner(wrappingElement|function)	将指定集合中的每个元素的子元素用指定的HTML结构包裹 参数同wrap 方法
.wrapAll(wrappingElement|function)	将指定集合用一个HTML结构包裹 参数同wrap 方法

3.3.3　删除HTML元素及其属性

删除元素及属性方法如表3-9 所示。

表 3-9　删除元素及属性方法

方　　法	描述及参数说明
.remove([selector])	删除指定集合中的全部或者部分元素及其子元素 selector：字符串，选择器表达式，起到过滤的作用
.empty()	删除指定集合中所有元素的所有子元素

（续表）

方　　法	描述及参数说明
.removeAttr(attrName)	删除指定集合中每个元素的指定属性 attrName：字符串，属性名，多个属性名之间用空格隔开
.detach([selector])	删除指定集合中的全部或者部分元素及其子元素 detach()只是从 DOM 中移除，相关的数据和事件绑定仍然保留，适用于删除后有需要进行恢复操作的应用场景 selector：字符串，选择器表达式，起到过滤的作用
.unwrap([selector])	删除指定集合中每个元素的包裹元素 selector：字符串，选择器表达式，起到过滤的作用。如果没有设置 selector 参数，则直接删除包裹元素；如果设置此参数，则只删除满足过滤条件的包裹元素

3.3.4　复制和替换 HTML 元素

复制和替换 HTML 元素方法如表 3-10 所示。

表 3-10　复制和替换 HTML 元素方法

方　　法	描述及参数说明
.clone([withDataAndEvents], [deepWithDataAndEvents])	生成指定元素的副本，包含子节点、文本和属性 withDataAndEvents：布尔型，是否复制事件处理函数，默认值是 false deepWithDataAndEvents：布尔型，是否复制子节点的事件处理函数，默认值与第一个参数的值相同
.replaceWith(newContent|function)	将指定集合元素的内容替换为新内容 newContent：HTML 字符串、DOM 元素或数组、jQuery 对象，要替换的新内容 function：返回值为新内容的函数 返回值：被替换的元素集合
.replaceAll(target)	用指定集合替换目标集合中的每个元素 target：选择器、DOM 元素或数组、jQuery 对象，目标元素集合

3.3.5　遍历 HTML 元素

遍历 HTML 元素方法如表 3-11 所示。

表 3-11　遍历 HTML 元素方法

方　　法	描述及参数说明
.parent([selector])	获取指定元素集合中每个元素的父元素 selector：字符串，选择器表达式，作为过滤条件。如果没有参数，返回指定元素的父元素；如果有参数，则返回匹配参数要求的父元素
.parents([selector])	获取指定元素集合中每个元素的祖先元素 selector：字符串，选择器表达式，作为过滤条件。如果没有参数，返回指定元素的祖先元素集合，直到文档的根元素；如果有参数，则返回匹配参数要求的所有祖先元素集合

（续表）

方　法	描述及参数说明
.parentsUntil([stop][,filter])	返回指定元素的祖先元素集合，直到（但不包括）满足stop指定的元素为止，及filter条件匹配的元素 stop：选择器表达式、DOM或者jQuery对象，向上遍历的终止条件 filter：选取祖先元素集合中的子集过滤条件
.offsetParent()	返回最近的祖先定位元素，定位元素指设置的position值，如relative、absolute或者fixed
.closest(selector)	返回上溯祖先树时第一个匹配参数要求的祖先元素 selector：字符串，选择器表达式，作为过滤条件
.children([selector])	获取指定元素集合中每个元素的子元素，不包括文本节点 selector：字符串，选择器表达式，作为过滤条件。如果没有参数，则返回指定元素的所有子元素，如果有参数，则返回匹配参数要求的子元素
.find(filter)	获取指定元素集合中每个元素的满足过滤条件的后代元素 filter：选择器表达式、元素、jQuery对象，作为过滤条件
.siblings([selector])	获取指定元素集合中每个元素的兄弟元素 selector：字符串，选择器表达式，作为过滤条件。如果没有参数，则返回指定元素的所有兄弟；如果有参数，则返回匹配参数要求的兄弟元素
.next([selector])	获取指定元素集合中每个元素后面的相邻元素 selector：选择器表达式字符串，作为过滤条件，过滤结果集
.nextAll([selector])	获取指定元素集合中每个元素后面的所有同级元素 selector：选择器表达式字符串，作为过滤条件，过滤结果集
.nextUntil([stop][,filter])	获取指定元素集合中每个元素后面的同级元素 stop：选择器表达式、DOM或者jQuery对象，水平遍历的终止条件 filter：选择器表达式字符串，作为过滤条件，过滤结果集
.prev([selector])	获取指定元素集合中每个元素前面的相邻元素 selector：选择器表达式字符串，作为过滤条件，过滤结果集
.prevAll([selector])	获取指定元素集合中每个元素前面的所有同级元素 selector：选择器表达式字符串，作为过滤条件，过滤结果集
.prevUntil([stop][,filter])	获取指定元素集合中每个元素前面的同级元素 stop：选择器表达式、DOM或者jQuery对象，水平遍历的终止条件 filter：选择器表达式字符串，作为过滤条件，过滤结果集
.eq(index)	获取指定元素集合中指定索引的元素 index：整数，从0开始的元素索引。如果为负数，则代表从尾部倒数的索引
.filter(criteria|function)	获取指定元素集合中满足参数条件的子集 criteria：选择器表达式、DOM元素或者jQuery对象 function：返回值为布尔型的函数

（续表）

方　法	描述及参数说明
.not(criteria|function)	获取指定元素集合中不满足参数条件的子集 criteria：选择器表达式、DOM 元素、数组或者 jQuery 对象 function：返回值为布尔型的函数
.first()	获取指定集合中的第一个元素
.last()	获取指定集合中的最后一个元素
.has(contained)	获取指定元素集合中含有满足参数条件的子元素的子集 contained：选择器表达式、元素
.hasClass(className)	获取指定元素集合中含有指定类的子元素的子集 className：类的名字
.even()	选取集合中索引为偶数的元素，索引从 0 开始
.odd()	选取集合中索引为奇数的元素，索引从 1 开始
.each(function)	为指定集合中每个元素执行 function 函数
.is(criteria|function)	判断指定集合中是否有满足条件的元素，如果有，则返回 true，否则返回 false criteria：选择器表达式、DOM 元素或者 jQuery 对象 function：返回值为布尔型的函数
.slice(start[,end])	返回指定集合的子集 start：整数，从 0 开始的元素索引，标示子集开始的位置。如果为负数，则代表从尾部倒数的索引 end：整数，从 0 开始的元素索引，标示子集结束的位置（不包括此元素）。如果为负数，则代表从尾部倒数的索引；如果不写，则子集范围一直到集合的结尾
.map(callback)	将指定集合中的元素传入 callback 函数，将返回的 jQuery 对象作为新的元素插入集合中
.add (selector | elements | html | selection) 或.add (selector ,context)	向指定集合中添加元素
.end()	回到链式调用中最近的遍历、过滤操作之前
.addBack([selector])	将堆栈中的上一个元素添加到指定集合中，可以用 selector 参数作为匹配条件
.contents()	获取指定集合中每个的元素的子元素集合，包括文本和注释

3.3.6　操作DOM样式

操作 DOM 样式方法如表 3-12 所示。

表 3-12　操作 DOM 样式方法

方　法	描述与参数说明
. addClass (className) 或. addClass (function) 或. addClass (Array)	为指定集合中每个元素添加类 className：添加的类的名字。如果需要添加多个类，类名之间用空格隔开 function：返回值为添加的类的名字，字符串类型 Array：添加的类名数组集合

（续表）

方　　法	描述与参数说明
.removeClass([className]) 或.removeClass(function) 或.removeClass(Array)	为指定集合中每个元素移除类 className：移除的类的名字。如果要移除多个类，类名之间用空格隔开。没有参数时，移除全部的类 function：返回值为移除的类的名字，字符串类型 Array：移除的类名数组集合
.toggleClass (className[,state]) 或.toggleClass (function[,state]) 或.toggleClass(Array)	为指定集合中每个元素添加或者移除类 className：添加或者移除的类的名字 state：缺省时，如果类已存在，则做删除；如果不存在，则做添加。值为 true 时，做类的添加；值为 false 时，做类的删除 Array：添加或者移除的类名数组
.css(propertyName)	获取指定元素集合中第一个元素的一个 CSS 属性的值 propertyName：字符串，CSS 属性名称 返回值：字符串
.css(propertyNames)	获取指定元素集合中第一个元素的多个 CSS 属性的值 propertyNames：字符串数组，一至多个 CSS 属性名称 返回值：JS 对象
.css(propertyName,value|function)	设置指定元素集合中每个元素的一个 CSS 属性的值 value：属性的值 function：返回属性的值的 JS 函数
.css(properties)	设置指定元素集合每个元素的多个 CSS 属性的值 properties：JS 简单对象，CSS 属性的键值对
.height()	获取指定集合中第一个元素的高，不含 padding
.innerHeight()	获取指定集合中第一个元素的高，含 padding，不含 margin。此方法不适用于 window 和 document 对象
.outerHeight([includeMargin])	获取指定集合中第一个元素的高。此方法不适用于 window 和 document 对象 includeMargin：布尔型，是否含 margin。默认值为 false，不含 margin；值为 true，则含 margin
.height(value|function)	设置指定集合中所有元素的高，不含 padding value：字符串或数字，以数字表示默认的单位是像素，如果是 cm 等其他单位，则需写成字符串的形式 function：返回需设置高度的函数
.innerHeight(value|function)	设置指定集合中所有元素的高，含 padding，不含 margin
.outerHeight(value|function)	设置指定集合中所有元素的高，含 margin
.width()	获取指定集合中第一个元素的宽，不含 padding
.innerWidth()	获取指定集合中第一个元素的宽，含 padding，不含 margin。此方法不适用于 window 和 document 对象
.outerWidth([includeMargin])	获取指定集合中第一个元素的宽。此方法不适用于 window 和 document 对象 includeMargin：布尔型，是否含 margin。默认值为 false，不含 margin；值为 true，则含 margin

（续表）

方　法	描述与参数说明
.width(value|function)	设置指定集合中所有元素的宽，不含padding value：字符串或数字，以数字表示默认的单位是像素，如果是em等其他单位，则需写成字符串的形式 function：返回需设置的宽度的函数
.innerWidth(value|function)	设置指定集合中所有元素的宽，含padding，不含margin
.outerWidth(value|function)	设置指定集合中所有元素的宽，含margin
.offset()	获取指定集合中第一个元素相对document的当前坐标。返回值是一个对象包含两个属性top和left
.offset(coordinates|function)	设置指定集合中所有元素相对document的坐标 coordinates：具有left、top两个属性的JS简单对象 function：函数，返回值为设置坐标的简单对象
.position()	获取指定元素集合中第一个元素相对其祖先元素中最近的一个定位元素的坐标
.scrollTop()	获取指定元素集合中第一个元素的滚动条垂直偏移
.scrollTop(value)	设置指定元素集合中所有元素的滚动条垂直偏移 value：数字，垂直偏移量
.scrollLeft()	获取指定元素集合中第一个元素的滚动条水平偏移
.scrollLeft(value)	设置指定元素集合中所有元素的滚动条水平偏移 value：数字，水平偏移量

3.4 jQuery事件处理

3.4.1 事件管理方法

jQuery事件管理方法如表3-13所示。

表3-13 jQuery事件管理方法

方　法	描　述
.on(events [, selector] [, data], handler)或.on(eventsObj[, selector] [, data])	为指定元素绑定事件和处理函数。多个事件间用空格隔开
.off(events [, selector] handler)或.off()	为指定元素解除绑定事件和处理函数
.one(events [, selector] [, data], handler)或.one(eventsObj [, selector] [, data])	为指定元素绑定事件和处理函数。每个元素只能运行一次事件处理器函数
.triggerHandler(eventType|event [, extraParameters])	触发指定元素集合中第一个元素的绑定事件
.trigger(eventType|event [, extraParameters])	触发指定元素的绑定事件

jQuery事件管理方法参数表如表3-14所示。

表 3-14　jQuery 事件管理方法参数表

参　　数	描　　述
events	字符串，事件名称。多个事件之间用空格隔开
selector	可选，选择器字符串，过滤条件，过滤指定集合的子集
data	可选，需要向处理函数传递的数据
handler	事件处理函数
eventsObj	JS 简单对象，事件和事件处理函数键值对
eventType	字符串，事件名称
event	jQuery.Event 对象
extraParameters	数组或者 JS 简单对象，其他需要传递给处理函数的参数

jQuery event 对象方法如表 3-15 所示。

表 3-15　jQuery event 对象方法

方　　法	描　　述
.stopImmediatePropagation()	阻止剩余的事件处理函数的执行，并防止当前事件在 DOM 树上冒泡
.isImmediatePropagationStopped()	返回 stopImmediatePropagation()是否在当前 event 对象上被调用过
.stopPropagation()	阻止事件的传递
.isPropagationStopped()	返回 stopPropagation()是否在当前 event 对象上被调用过
.preventDefault()	阻止事件的默认动作
.isDefaultPrevented()	event 对象上是否调用了 preventDefault()

jQuery event 对象常用属性如表 3-16 所示。

表 3-16　jQuery event 对象常用属性

属　　性	描　　述
altKey	返回当事件被触发时，Alt 键是否被按下
ctrlKey	返回当事件被触发时，Ctrl 键是否被按下
currentTarget	事件冒泡阶段中当前的 DOM 元素
data	绑定事件时向事件处理函数传递的数据
shiftKey	返回当事件被触发时，Shift 键是否被按下
target	触发此事件的目标元素
type	当前 event 对象表示的事件的名称
which	键盘码，监控触发键盘事件的按键

3.4.2　事件处理方法

jQuery 快捷事件处理方法如表 3-17 所示。

表3-17　jQuery快捷事件处理方法

方　　法	描　　述
.click()	触发指定元素集合的左键单击事件处理方法
.click([data,] handler)	在指定元素集合上绑定左键单击事件的处理方法
.contextmenu()	触发指定元素集合的右键单击事件处理方法
.contextmenu([data,] handler)	在指定元素集合上绑定右键单击事件的处理方法
.dblclick()	触发指定元素集合的左键双击事件处理方法
.dblclick([data,] handler)	在指定元素集合上绑定左键双击事件的处理方法
.hover([data,] handler)	在指定元素集合上绑定鼠标进入和离开事件的处理方法
.mousedown()	触发指定元素集合的鼠标按下事件处理方法
.mousedown([data,] handler)	在指定元素集合上绑定鼠标按下事件的处理方法
.mouseup()	触发指定元素集合的释放鼠标事件处理方法
.mouseup([data,] handler)	在指定元素集合上绑定释放鼠标事件的处理方法
.mouseenter()	触发指定元素集合的鼠标进入事件处理方法
.mouseenter([data,] handler)	在指定元素集合上绑定鼠标进入事件的处理方法
.mouseleave()	触发指定元素集合的鼠标离开事件处理方法
.mouseleave([data,] handler)	在指定元素集合上绑定鼠标离开事件的处理方法
.mousemove()	触发指定元素集合的鼠标在元素内移动事件处理方法
.mousemove([data,] handler)	在指定元素集合上绑定鼠标在元素内移动事件的处理方法
.mouseover()	触发指定元素集合的鼠标进入元素及其子元素事件处理方法
.mouseover([data,] handler)	在指定元素集合上绑定鼠标进入元素及其子元素事件的处理方法
.mouseout()	触发指定元素集合的鼠标离开元素及其子元素事件处理方法
.mouseout([data,] handler)	在指定元素集合上绑定鼠标离开元素及其子元素事件的处理方法
.keydown()	触发指定元素集合的键盘按下事件处理函数
.keydown([data,] handler)	在指定元素集合上绑定键盘按下事件的处理函数
.keypress()	触发指定元素集合的键盘按下事件处理函数
.keypress([data,] handler)	在指定元素集合上绑定键盘按下事件的处理函数
.keyup()	触发指定元素集合的键盘释放事件处理函数
.keyup([data,] handler)	在指定元素集合上绑定键盘释放事件的处理函数
.blur()	触发失去焦点事件处理函数
.blur([eventData,] handler)	在指定元素集合上绑定失去焦点事件的处理函数
.change()	触发元素值改变事件处理函数
.change([eventData,] handler)	在指定元素集合上绑定元素值改变事件的处理函数
.focus()	触发元素获得焦点事件处理函数

（续表）

方法	描述
.focus([eventData,] handler)	在指定元素集合上绑定元素获得焦点事件的处理函数
.focusin()	触发元素及其内部元素获得焦点事件处理函数
.focusin([eventData,] handler)	在指定元素集合上绑定元素及其内部元素获得焦点事件的处理函数
.focusout()	触发元素及其内部元素失去焦点事件处理函数
.focusout([eventData,] handler)	在指定元素集合上绑定元素及其内部元素失去焦点事件的处理函数
.select()	触发文本框和文本区域文本被选中事件处理函数
.select([eventData,] handler)	在指定元素集合上绑定文本框和文本区域文本被选中事件的处理函数
submit()	触发响应表单提交事件处理函数
.submit([eventData,] handler)	在指定元素集合上绑定表单提交事件的处理函数
.resize()	触发窗口大小改变事件处理函数
.resize ([data], handler)	在指定元素集合上绑定窗口大小改变事件的处理函数
.scroll ()	触发指定元素或浏览器窗口滚动条滚动事件处理函数
.scroll([data], handler)	在指定元素浏览器窗口上绑定滚动条滚动事件的处理函数
.ready(handler)	绑定 DOM 加载完毕后处理函数

jQuery 快捷事件处理方法参数说明如表 3-18 所示。

表 3-18　jQuery 快捷事件处理方法参数说明

参数	描述
data	可选。任意类型传递给事件处理程序的参数对象
handler	可选。Function 类型事件触发时执行的函数

敲击键盘会触发三种键盘事件，它们的顺序是 keydown→keypress→keyup。keydown 和 keyup 事件中，which 属性的值是按键的 keyCode，而 keypress 事件中 which 属性的值是按键的 charCode，是十进制的 Unicode 字符编码。并不是所有的按键都会触发 keypress 事件，后退键、方向键等都不会触发这一事件，这是它与 keydown 事件的区别。

3.5　jQuery 动画

3.5.1　显示和隐藏

jQuery 显示与隐藏方法如表 3-19 所示。

表 3-19　jQuery 显示与隐藏方法

方　　法	描述与参数说明
.show([duration] [, easing] [, complete]) 或 .show(options)	显示指定元素集合中的每个元素
.hide([duration] [, easing] [, complete]) 或 .hide(options)	隐藏指定元素集合中的每个元素
.toggle([duration] [, easing] [, complete]) 或.toggle(options)或.toggle(display)	显示或者隐藏指定元素集合中的每个元素 没有参数时，元素在隐藏和显示之间切换
.slideUp([duration] [, easing] [, complete]) 或. slideUp (options)	以滑动效果隐藏元素集合中的所有元素
.slideDown([duration] [, easing] [, complete])或. slideDown(options)	以滑动效果显示指定元素集合中的所有元素
.slideToggle([duration] [, easing] [, complete] 或.slideToggle(options)	以滑动效果隐藏或者显示指定元素集合中的所有元素
.fadeOut([duration] [, easing] [, complete]) 或.fadeOut(options)	通过将元素变为透明来隐藏元素集合中的每个元素，称为淡出效果
. fadeIn([duration] [, easing] [, complete]) 或. fadeIn(options)	通过将元素变为不透明来显示指定元素集合中的每个元素，称为淡入效果
.fadeToggle([duration] [, easing] [, complete]) 或 .fadeToggle(options)	指定元素集合中每个元素的切换淡入、淡出效果
.fadeTo(duration,opacity [, easing] [, complete])	调节指定元素集合中所有元素的透明度 opacity:0～1之间的数，指明透明度

动画方法中的参数说明如表 3-20 所示。

表 3-20　动画方法中的参数说明

参　　数	描　　述
duration	字符串或者数字，字符串值可以是“slow”“normal”或者“fast”，代表动画持续的时长，默认为 400，单位为毫秒
easing	字符串，有两个值：“linear”和“swing”（默认），动画缓动效果曲线名称。描述动画过程和帧速度的处理方式
complete	动画结束后的回调函数，为每个匹配的元素执行一次
options	JS 简单对象，传递给函数的参数键值对
display	布尔型，如果为 true 则显示元素，如果为 false 则隐藏元素

options 可包含多个参数，除了 duration、easing、complete 之外，其他参数如表 3-21 所示。

表 3-21　options 参数说明

参　　数	描　　述
queue	布尔型或者字符串。如果值为 false，则动画将立即开始。如果是字符串，则将动画添加到以字符串为名字的动画队列中

（续表）

参　　数	描　　述
specialEasing	JS 简单对象，包含一个至多个 CSS 属性及相应的缓动函数
step	函数，每个动画步骤后为每个动画属性执行的函数
progress	函数，每个动画步骤后都要执行的函数
start	函数，动画开始时执行
done	函数，动画结束后（promise 对象已完成）执行
fail	函数，动画效果失败时调用
always	函数，无论动画正常执行完毕还是被终止时都会被调用

3.5.2 自定义动画

jQuery 自定义动画方法如表 3-22 所示。

表 3-22 jQuery 自定义动画方法

方　　法	描述与参数说明
.animate(properties [, duration] [, easing] [, complete])或 .animate(properties,options)	显示由一系列的 CSS 效果组成的动画 properties：CSS 属性
.queue([queueName], newQueue|callback)	在指定元素集合上显示或者操作动画队列中的函数 queueName：字符串，队列名。默认为 fx newQueue：数组，用于替代现有队列内容的一系列函数 callback：函数，要添加到队列中的函数
.delay(duration [, queueName])	设置动画延迟执行的时间
.clearQueue([queueName])	清空对象上尚未执行的所有队列
.dequeue([queueName])	队列最前端移除一个队列函数，并执行它
.finish([queueName])	停止当前运行的动画，移除所有排队的动画，并为指定元素完成所有动画
.stop([queueName] [, clearQueue] [, jumpToEnd])	停止当前正在运行的动画 clearQueue：布尔型，默认值为 false。指示是否移除排队的动画 jumpToEnd：布尔型，默认值为 false。指示是否立即完成当前动画

3.6 jQuery 对 Ajax 的支持

3.6.1 底层接口

jQuery 封装了原生 XMLHTTPRquest 对象，提供了 jQuery 进行 Ajax 通信的底层接口方法，如表 3-23 所示。

表 3-23　jQuery Ajax 底层接口方法

方　法	描述与参数说明
$.ajax(url [, settings])或$.ajax([settings])	执行异步 HTTP（Ajax）请求
$.ajaxPrefilter([dataType ,] handler)	指定预先处理 Ajax 参数选项的回调函数 handler(options, originalOptions, jqXHR):为新的 Ajax 请求设置默认值 options:请求选项。originalOptions:为$.ajax()提供的选项 jqXHR:请求的 jqXHR 对象
$.ajaxSetup(settings)	设置全局 Ajax 默认选项
$.ajaxTransport(dataType, handler)	创建处理 Ajax 数据的实际传输对象 handler(options, originalOptions, jqXHR):返回使用第一个参数定义的数据类型的新的传输对象

settings 常用属性如表 3-24 所示。

表 3-24　settings 常用属性

参 数 名	类　型	描　述
accepts	简单对象	发送内容类型的请求，指示浏览器可以接收的响应类型
async	布尔型	默认值为 true，请求均为异步请求，如果需要发送同步请求，则将此选项设置为 false
beforeSend	Function	请求发送前的回调函数
cache	布尔型	默认值为 true，如果设置为 false，则浏览器将不缓存此页面
complete	Function	请求完成后的回调函数
converters	简单对象	默认值：{'* text': window.String, 'text html': true, 'text json': jQuery.parseJSON, 'text xml': jQuery.parseXML} 数据类型转换器，用于返回响应转化后的值
crossDomain	布尔型	强制跨域请求。同域请求为 false，跨域请求为 true
data	简单对象、字符串或数组	发送到服务器的参数数据
dataType	字符串	期望从服务器返回的数据类型。如果没有指定，jQuery 将尝试通过 MIME 类型的响应信息来智能判断
error	Function	请求失败时的回调函数
global	布尔型	默认值为 true。设置为 false 将不会触发全局 Ajax 事件
method	字符串	HTTP 请求方法“POST”“GET”“PUT”等，默认值是“GET”
statusCode	简单对象	一个 HTTP 响应状态码和当请求响应相应的状态码时执行的函数所组成的对象
success	Function	请求成功时的回调函数
timeout	Number	设置请求超时时间（毫秒）。值为 0 表示没有超时限制
url	字符串	发送请求的地址

3.6.2　快捷方法

jQuery 提供了进行 Ajax 通信的快捷方法，如表 3-25 所示，许多情况下我们可以不用 jQuery 的底层 Ajax 接口，直接使用快捷方法来完成 Ajax 交互功能。

表 3-25　jQuery Ajax 快捷方法

方　法	描　述
$.get(url [, data] [, success] [, dataType]) 或$.get([settings])	以 HTTP GET 请求方式从服务器加载数据
$.getJSON(url [, data] [, success])	以 HTTP GET 请求方式从服务器加载以 JSON 形式封装的数据
$.getScript(url [, success])	以 HTTP GET 请求方式从服务器加载 JavaScript 文件，并执行
$.post(url [, data] [, success] [, dataType]) 或$.post([settings])	以 HTTP POST 请求方式从服务器加载数据
$selector.load(url [, data] [, complete])	从服务器加载数据，将返回的 HTML 覆盖指定元素的内容

3.6.3　辅助方法

jQuery Ajax 数据转换辅助方法如表 3-26 所示。

表 3-26　jQuery Ajax 数据转换辅助方法

方　法	描　述
$.param()	创建数组或对象的序列化表示，适合在 URL 查询字符串或 Ajax 请求中使用
$selector.serialize()	序列化表单中控件的值，返回 URL 标准查询字符串
$selector. serializeArray()	序列化表单中控件的值，返回 JSON 数据结构数据

3.6.4　事件方法

jQuery Ajax 全局事件方法如表 3-27 所示。

表 3-27　jQuery Ajax 全局事件方法

方　法	描　述
$(document).ajaxStart()	绑定第一个 Ajax 请求开始时的处理函数
.ajaxSend()	绑定 Ajax 请求发送之前触发的处理函数
.ajaxSuccess()	绑定 Ajax 请求成功完成时的处理函数
.ajaxError ()	绑定 Ajax 请求完成但发生了错误时的处理函数
.ajaxComplete()	绑定 Ajax 请求完成时的处理函数
.ajaxStop()	绑定当所有的 Ajax 请求都已完成时的处理函数

3.7 杂　　项

jQuery其他杂项方法汇总如表3-28所示。

表3-28　jQuery其他杂项方法汇总

方　　法	描述及参数说明
.data(key,value)或.data(obj)	给指定元素附加数据的键值对 key：键（String），value：值（任何合法类型）
.data([key])	读取指定元素附加的数据
.get([index])	获取jQuery对象中满足索引条件的DOM对象 index：索引从0开始，如果为负数，则为倒序计数；如果index省略，则获取所有DOM对象
.index([selector|element])	获取满足条件的元素在指定集合中的索引 如没有参数，则返回指定元素在兄弟元素中的索引
.removeData([name|list])	删除附加的数据 mame：String要删除的数据的名字 list：数组或者空格隔开的字符串，删除多个数据
.toArray()	将指定jQuery对象所含的DOM元素转换为数组

模 块 2

Bootstrap 静态网站制作

工作领域

静态网站制作。

基础要求

（1）熟练掌握 HTML 标签。

（2）熟练掌握 CSS 技术。

（3）理解 CSS 盒模型和主流布局。

（4）良好的英语识记能力。

能力目标

（1）能够根据项目需求，选择适当的 Bootstrap 和 jQuery 库文件。

（2）能够使用 Bootstrap 容器、栅格系统、弹性盒设计并实现响应式布局。

（3）能够使用 Bootstrap 公共样式完成页面美化。

（4）能够采用适当的 Bootstrap 组件实现高保真图指定的页面模块。

（5）熟记 Bootstrap 常用术语，能够快速查阅资料。

（6）能够修改 Bootstrap 默认样式，自定义新的样式。

1+X 证书知识点（中级）

（1）Bootstrap 安装及配置。

（2）Bootstrap 栅格基本布局、弹性盒。

（3）Bootstrap 公共样式、文本、图片。

（4）Bootstrap 常用组件：导航栏、导航、下拉菜单、卡片、媒体对象、列表（组）、徽章、表格、模态框、表单、按钮（组）、输入框组、图标等。

第4章　客户界面响应式页面制作

本章我们将按照高保真图完成一个“特种旅游网站”客户界面的3个页面。高保真图放在本章末尾。

4.1　任务1：Bootstrap4的安装与配置

任务目标	搭建Bootstrap4.6开发环境		
难度	★		
实施过程：			
步骤序号	内容	出现问题	解决方案
1	下载Bootstrap4.6库		
2	引用Bootstrap库并测试		
3	下载jQuery3.5.1库		
开始时间		结束时间	
完成人		完成情况	

4.1.1　步骤1：下载Bootstrap4.6库

资料	网址	引导问题
Bootstrap下载网址	（1）Bootstrap库下载网址： https://getbootstrap.com/docs/5.0/getting-started/download/ （2）Bootstrap4.6.0下载网址： https://getbootstrap.com/docs/4.6/getting-started/download/	（1）Bootstrap4库有哪两大类文件？各有几种形式？不同的形式间有何区别？ （2）你会为项目选择哪一种CSS库文件和JS库文件？为什么？

打开Bootstrap官方网站Download页面，展开右上角的下拉菜单，列出的是Bootstrap最新版本和一些“里程碑”版本，可以根据项目需要进行选择。选择“v4.6.x”，然后单击页面右上角的“Download”按钮，如图4-1所示。

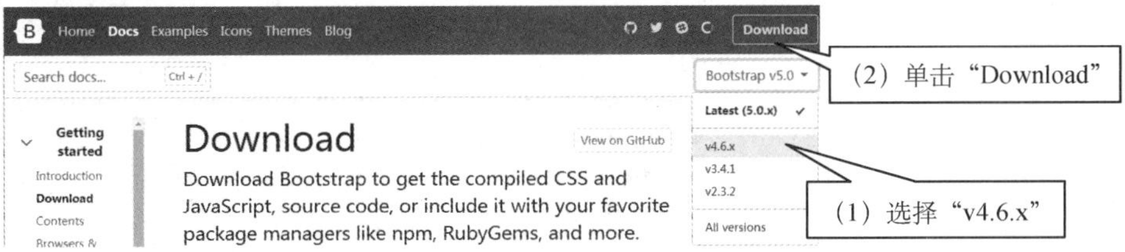

图 4-1　Bootstrap 下载页面

单击图 4-1 中的“Download”按钮后进入 Bootstrap4.6 版（简称 4.6 版）的文档“简介”页面，单击右上角的“Download”按钮，或者单击左侧导航栏中的“Download”条目，可进入 Bootstrap 4.6 版下载页面，如图 4-2 所示。

图 4-2　Bootstrap4.6 简介页面

单击 Bootstrap4.6 版下载页面内容中“Compiled CSS and JS”（“已编译的 CSS 和 JS”）标题下的“Download”按钮，如图 4-3 所示，开始下载编译后的 Bootstrap4.6.0 版本库。

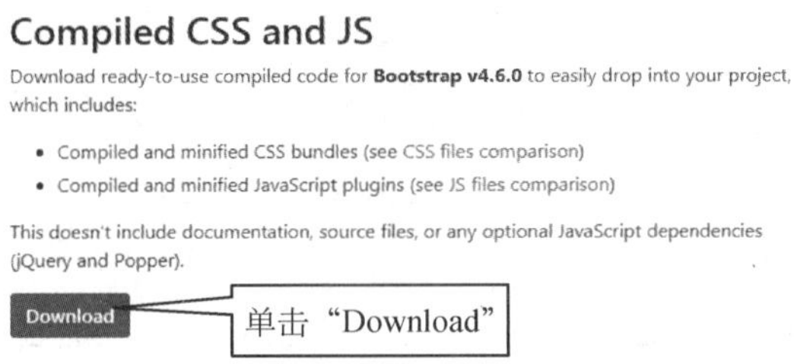

图 4-3　Bootstrap4.6 版下载页面

下载完毕后会得到一个 bootstrap-4.6.0-dist.zip 文件，将其解压，得到如图 4-4 所示的目录结构和文件。

css 目录下为样式表文件，用于页面布局、美化，js 目录下为 JS 库文件，用于支持页面 JavaScript 行为效果。

文件名中含有“min”的文件，经过“压缩”减小了文件大小，文件传输耗时更短；但“压缩”过的文件牺牲了“可读性”。例如，我们在开发阶段，变量、方法的命名规范要求能够“望名知意”，出现较长的复合词变量命名是很常见的，使用工具压缩时会将这种有意义的变量名用一个字母来替换，并将代码缩进格式所需的符号全部删除。如果希望阅读方便、修改源代码，则需要使用未经压缩的版本，否则选择压缩版本。

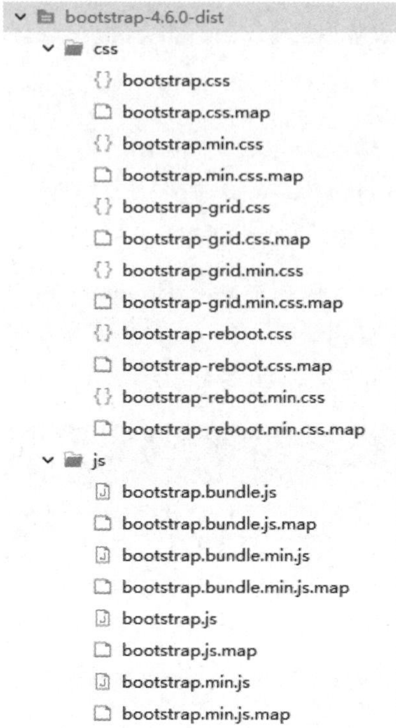

图4-4　Bootstrap4.6.0 库目录结构

扩展名为“map”的文件记录了“压缩”过程中，命名替换的对应关系等元数据信息，可以在支持map调试的浏览器（例如，Chrome）中协助深度开发者完成对Bootstrap源代码的调试。

Bootstrap提供了不同“量级”的样式表文件，如表4-1所示。

表4-1　Bootstrap样式库量级表

CSS 文件	布局	内容	组件	工具	min 文件大小/KB
bootstrap.css bootstrap.min.css	包含	包含	包含	包含	158
bootstrap.grid.css bootstrap.grid.min.css	只包含栅格系统			只包含 Flex 工具	50
bootstrap.reboot.css bootstrap.reboot.min.css		包含简化版的内容支持			4

Bootstrap同样提供了不同“量级”的JS文件，如表4-2所示。

表4-2　JS 库量级表

JS 文件	popper	min 文件大小/KB
bootstrap.bundle.js bootstrap.bundle.min.js	包含	83
bootstrap.js bootstrap.min.js		62

popper.js 是一个工具提示和弹出框的定位引擎，可以单独作为库文件使用，bootstrap 文件名中含有“bundle”的 JS 文件已经集成了 popper，单独引用名字不含有“bundle”的JS库文件是不支持“下拉菜单”“弹出框”等JS行为效果的。

4.1.2　步骤2：引用Bootstrap并测试

资　料	章　节	引导问题
按钮	2.4.4	（1）使元素呈现按钮外观必须配置的基础类是（　　）。 （2）用primary色做背景填充的按钮需要配置类（　　）。
下拉菜单	2.4.9	（3）下拉菜单组件的元素结构是怎样的？ （4）下拉菜单包裹类的基础类是（　　）。 （5）下拉菜单切换按钮需配置（　　）类和（　　）属性。 （6）下拉菜单条目基础类是（　　）。

在集成开发环境中完成HTML5基础项目tourSite的创建，并将bootstrap.min.css置于css目录下，将bootstrap.bundle.min.js置于js目录下。项目tourSite目录结构如图4-5所示。

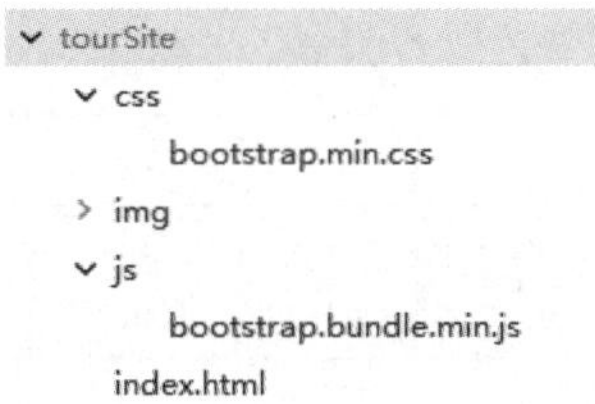

图4-5　项目tourSite目录结构

在index.html中添加对Bootstrap样式表文件和JS文件的本地引用，并添加Bootstrap的“下拉菜单组件”，代码如下：

```
<!DOCTYPE html>
<html>
    <head>
        <meta charset="utf-8">
        <!--引入Bootstrap css样式文件-->
         <link href="/tourSite/css/bootstrap.min.css" rel="stylesheet" type="text/css">
        <title></title>
    </head>
    <body>
        <!--Bootstrap下拉菜单-->
        <div class="dropdown">
            <button class="btn btn-primary dropdown-toggle" type="
```

```
button" data-toggle="dropdown">
                    下拉菜单
                </button>
                <div class="dropdown-menu">
                    <a class="dropdown-item" href="#">子菜单1</a>
                </div>
            </div>
            <!--引入Bootstrap js库文件-->
            <script src="/tourSite/js/bootstrap.bundle.min.js"></script>
        </body>
</html>
```

在浏览器中运行“index.html”，出现“下拉菜单”按钮，如图4-6所示。

图4-6 “下拉菜单”切换按钮效果

单击“下拉菜单”按钮，是否会出现子菜单？如果没有，原因是什么？

4.1.3 步骤3：下载引用jQuery库

资　料	网　址	引导问题
jQuery 下载网址	https://jquery.com/download/	（1）Bootstrap是否依赖其他库文件？ （2）被依赖的库文件的引用位置需要注意什么？

上一小节对Bootstrap库有效性的测试中出现了“下拉菜单”无效的情况。其原因是包括“下拉菜单”在内的很多Bootstrap4的组件JS行为效果依赖jQuery，jQuery库必须先于Bootstrap JS引用。

打开jQuery官方网站“Download”页面，选择3.6.0压缩版本的jQuery库下载，如图4-7所示。

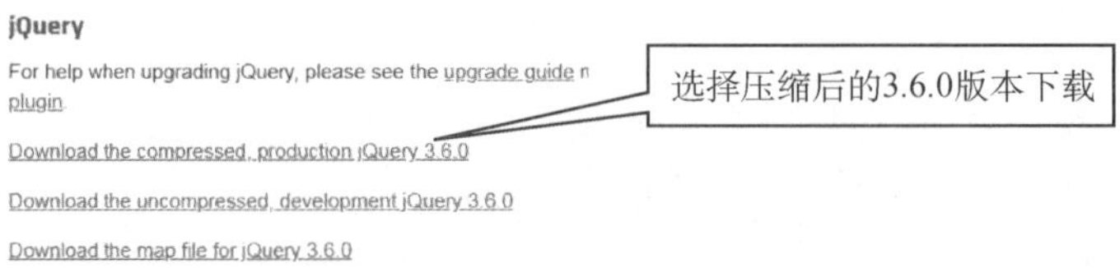

图4-7 jQuery3.6.0版下载页面

下载成功后也置于项目js目录下，在Bootstrap JS库前引用jQuery库，代码如下：

```
<!--引入jQuery库文件-->
<script src="/tourSite/js/query-3.6.0.min.js"></script>
<!--引入Bootstrap JS库文件-->
<script src="/tourSite/js/bootstrap.bundle.min.js"></script>
```

再次测试“下拉菜单”功能，看到如图4-8所示的效果，说明jQuery安装配置成功。

图4-8　“下拉菜单”展开效果

4.2　任务2：实现页面结构

<table>
<tr><td>任务目标</td><td colspan="3">（1）根据首页的高保真图实现页眉导航栏和页脚。
（2）在任何视口的设备上，页面内容宽度都与视口宽度相同。</td></tr>
<tr><td>任务难度</td><td colspan="3">★★</td></tr>
<tr><td colspan="4">实施过程：</td></tr>
<tr><td>步骤序号</td><td>内容</td><td>出现问题</td><td>解决方案</td></tr>
<tr><td>1</td><td>页面头部设置</td><td></td><td></td></tr>
<tr><td>2</td><td>配置响应式容器和页脚</td><td></td><td></td></tr>
<tr><td>3</td><td>页眉导航栏的实现</td><td></td><td></td></tr>
<tr><td>4</td><td>站内搜索框的实现</td><td></td><td></td></tr>
<tr><td>5</td><td>导航内容的实现</td><td></td><td></td></tr>
<tr><td>6</td><td>实现导航内容的响应式折叠展开效果实现</td><td></td><td></td></tr>
<tr><td>开始时间</td><td></td><td>结束时间</td><td></td></tr>
<tr><td>完成人</td><td></td><td>完成情况</td><td></td></tr>
</table>

4.2.1　步骤1：页面头部设置

资　　料	网　　址	引导问题
meta标签	自行查找资料	（1）charset设置为“utf-8”和“GB18030”有何不同？ （2）Bootstrap4 为什么推荐在 meta viewport content 中设置“shrink-to-fit=no”？ （3）meta description和keywords的作用是什么？

项目为index.html文件添加<head>部分，补足下列源代码中的空白处，使页面可以响应设备视口的变化。

```
<head>
    <meta charset="utf-8">
    <meta name="____(1)____"content="width=device-width,initial-scale=1, ___(2)___">
```

```
    <meta name="description" content="旅游 ...">
    <meta name="keywords" content="旅游 公司名 ...">
    <meta name="author" content="作者">
    <!--引入Bootstrap css样式文件-->
    <link href="/tourSite/css/bootstrap.min.css" rel="stylesheet" type="text/css">
    <title>xx网 slogan</title>
</head>
```

4.2.2　步骤2：配置响应式容器和页脚

资　料	章　节	引导问题
高保真图	客户界面首页（大屏）	（1）参阅高保真图，是否能想象页面板块的元素结构？
容器	2.1.1	（2）Bootstrap4 有几种容器宽度配置？如果希望内容总是与设备视口宽度相同，应该选择容器类（　　）。
文本	2.2.18	（3）设置文本居右的类是（　　）。

我们在这一步骤中，根据PC端高保真图的需求，完成响应式容器的设置：在任何设备视口尺寸下都100%适配，并完成页面的页脚，如图4-9所示。

图4-9　页脚文字对齐方向

补足index.html　<body></body>部分的代码，实现页面的容器配置和页脚，源代码如下：

```
<body>
    <!--流式布局容器-->
    <div class="___(1)___">
        <!--页脚，文字右对齐-->
        <footer class="___(2)___">
            <p>Copyright©2020XXXXXXXXXXco.,Ltd.AllRightsReserved</p>
            <p>深圳XXXXX旅游有限公司 粤ICP备XXXXXXXXXXX号</p>
        </footer>
    </div>
    <!--引入jQuery库文件-->
    <script src="/tourSite/js/jquery-3.6.0.min.js"></script>
    <!--引入Bootstrap JS库文件-->
```

```
    <script src="/tourSite/js/bootstrap.bundle.min.js"></script>
</body>
```

PC端视口是指浏览器窗口的可见范围，可以通过改变浏览器窗口宽度来观察，在不同的容器配置下，观察是否全屏、是否居中显示、是否有断点现象，来深刻体会不同的容器设置下页面呈现的不同效果。

4.2.3　步骤3：页眉导航栏的实现

资　料	章　节	引导问题
导航栏	2.4.17	（1）导航栏组件包裹元素的基础类是（　　）。 （2）为深色背景色导航栏设置配色方案的类是（　　）。 （3）导航栏可以包含哪些内容？
颜色	2.2.4	（4）怎样设置背景颜色？

在这一步骤中我们为页面添加页眉导航栏。根据高保真图，导航栏应该含有三方面内容，分别是品牌、导航和行内表单，如图4-10示。

图4-10　导航栏内容示意图

在index.html容器元素中添加实现页眉的代码，如下所示。补足空白处，完成导航栏组件字体和背景的配色方案设置及导航栏三个子组件的设置。本步骤完成后效果如图4-11所示。

```
<!--导航栏，深色系，背景颜色为primary-->
<nav class="___(1)___ ___(2)___ ___(3)___">
    <!--导航栏品牌-->
    <a class="___(4)___" href="#">LOGO</a>
    <!--导航栏导航-->
    <ul class="___(5)___"></ul>
    <!--导航内置表单-->
    <form class="___(6)___">
    </form>
</nav>
```

图4-11　步骤3效果图

4.2.4 步骤4：站内搜索框的实现

资　料	章　节	引导问题
表单	2.4.10	（1）为表单文本控件设置默认样式的类为（　　）。
间距	2.2.16	（2）Bootstrap如何设置外边距和内填充？
按钮	2.4.4	（3）按钮的基础类是（　　）。 （4）Bootstrap如何设置按钮的边框颜色？

为导航栏的内置表单子组件添加文本框和按钮，补足下列代码空白处，并设置好二者的间距，使导航栏显示效果如图4-12所示。

```
<!--导航栏行内表单-->
<form class="form-inline">
    <input type="text" class="___(1)___" placeholder="站内搜索"/>
    <button class="___(2)___ ___(3)___ ___(4)___">搜索</button>
</form>
```

图4-12　步骤4效果图

4.2.5 步骤5：导航内容的实现

资　料	章　节	引导问题
导航	2.4.16	（1）设置导航条目样式的类是（　　）。 （2）设置导航超链样式的类是（　　）。
导航栏	2.4.17	（3）导航栏包裹元素设置（　　）可以使当视口宽度大于992px时，导航条目水平布局。
间距	2.2.16	（4）尺寸设置为（　　），可以在指定方向上自动占据剩余空间

在index.html中添加导航内容子元素代码，设置导航条目和导航链接。代码如下：

```
<!--导航栏导航内容-->
<ul class="___(1)___">
    <li class="___(2)___"><a class="___(3)___" href="#">首页</a></li>
    <li class="___(4)___"><a class="___(5)___" href="#">选择线路</a></li>
    <li class="___(6)___"><a class="___(7)___" href="#">联系我们
```

```
</a></li>
</ul>
```

此时的运行结果导航栏目呈现垂直显示，如图4-13所示。

图4-13　添加导航后的效果图

与客户界面导航栏响应式布局高保真图（大屏）进行比较，效果图仍存在以下问题：

（1）导航链接目前采用垂直布局，而我们的需求是在大屏及以上设备上呈水平布局。

（2）导航部分应该靠近LOGO显示，而不是居中。

补足下列代码，使导航栏在不同视口设备上的效果分别如图4-14和图4-15所示。

```
<!--导航栏，深色系，背景颜色为primary；设置视口断点为992px-->
<nav class="navbar navbar-dark bg-primary ____(8)____">
    <!--导航栏品牌-->
    <a class="navbar-brand" href="#">LOGO</a>
    <!--导航栏导航-->
    <ul class="navbar-nav ____(9)____">
        <li class="nav-item active"><a class="nav-link" href="#">首页</a></li>
        <li class="nav-item"><a class="nav-link" href="#">选择线路</a></li>
        <li class="nav-item"><a class="nav-link" href="#">联系我们</a></li>
    </ul>
    <!--导航栏内置表单-->
    <form class="form-inline">
        <input type="text" class="form-control" placeholder="站内搜索"/>
        <button class="btn btn-outline-light ml-2">搜索</button>
    </form>
</nav>
```

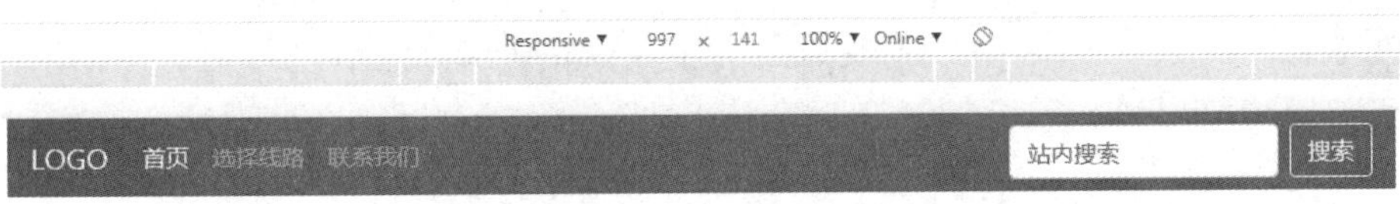

图4-14　大屏及以上设备显示效果图

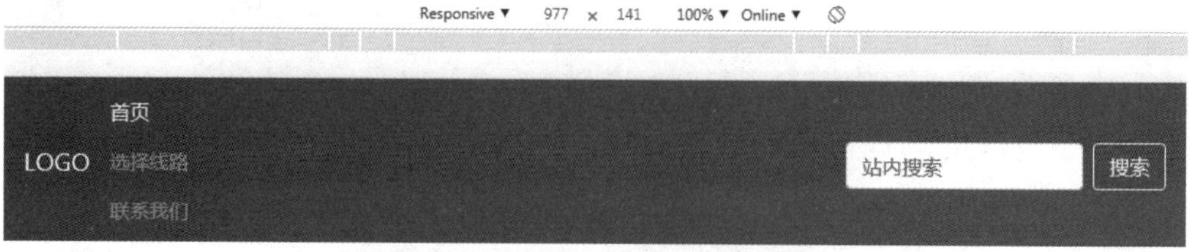

图4-15　中屏及以下设备显示效果图

在客户界面导航栏响应式布局高保真图中，“选择线路”是下拉菜单，本章任务1中已经练习过下拉菜单的使用，折叠展开的切换按钮也可以应用在<a>元素上。补足下列代码，实现用户单击“选择线路”导航条目时，出现下拉二级菜单，如图4-16所示。

```
<!--导航栏导航-->
<ul class="navbar-nav mr-auto">
    <li class="nav-item"><a class="nav-link active" href="">首页</a></li>
    <!--导航中的下拉菜单-->
    <li class="nav-item ____(10)____">
        <!--下拉菜单触发元素-->
        <a class="nav-link ____(11)____" data-toggle="____(12)____" href="">线路</a>
        <!--下拉菜单内容-->
        __________(13)__________
            __________(14)__________
            __________(15)__________
        __________(16)__________
    </li>
    <li class="nav-item">
        <a class="nav-link" href="">首页</a>
    </li>
</ul>
```

图4-16　下拉菜单展开效果

4.2.6　步骤6：实现导航内容的响应式折叠展开效果

资　料	章　节	引导问题
高保真图	客户界面导航栏响应式布局	（1）导航栏以大屏为断点，导航栏在展示效果上有什么不同？
导航栏	2.4.17	（2）导航栏中设置一个元素为折叠面板的类是什么？ （3）如何使切换器的外观呈现“三横线按钮”效果？ （4）如何设置导航栏中折叠内容在小于视口断点时独占一行显示？
折叠面板	2.4.8	（5）如何设置折叠展开触发元素与内容之间的关联关系？

从客户界面导航栏响应式布局高保真图可以看到，中屏及以下设备导航栏只显示LOGO和“三横线”按钮形式的切换器，当单击切换器时，展开或折叠垂直布局的导航与站内搜索框。首先，在导航栏中的品牌下方添加切换器。添加下列代码并补足空白处，当视口宽度小于expand断点时，显示切换器，如图4-17所示。

```
<!--导航栏品牌-->
<a href="" class="navbar-brand">LOGO</a>
<!--toggler切换器，外观为三横线按钮-->
<button class="___(1)___">
    <span class="___(2)___"></span>
</button>
```

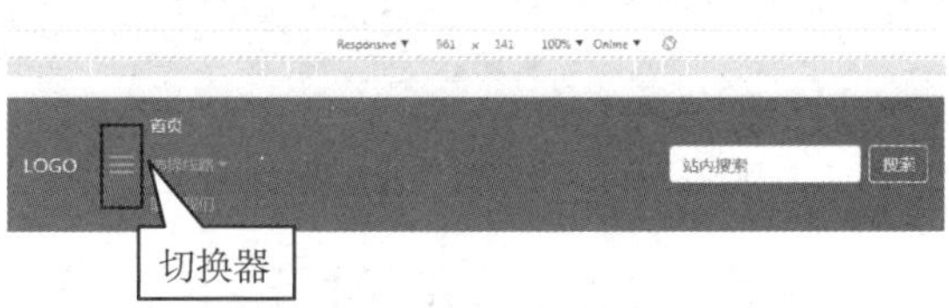

图4-17　带切换器的导航栏

接下来，通过将切换器与导航及内置表单组合成导航栏折叠面板，来实现折叠展开的效果。

```
<!--toggler切换器，外观为三横线按钮-->
<button class="navbar-toggler" data-toggle="___(3)___" data-target="___(4)___">
    <span class="navbar-toggler-icon"></span>
</button>
<!--导航栏中的折叠面板-->
<div class="___(5)___ ___(6)___" id="navbarCollapse">
    <!--导航栏导航-->
    <ul class="navbar-nav mr-auto">
```

```
            …//此处省略部分代码
        </ul>
        <!--行内表单-->
        <form class="form-inline">
            <input type="text" class="form-control">
            <button class="btn btn-outline-light ml-3">搜索</button>
        </form>
    </div>
```

配置成功后，页眉的效果在视口宽度小于断点时会显示 toggler 按钮，单击按钮可以切换导航栏和站内搜索框的折叠与展开，如图 4-18、图 4-19 所示。

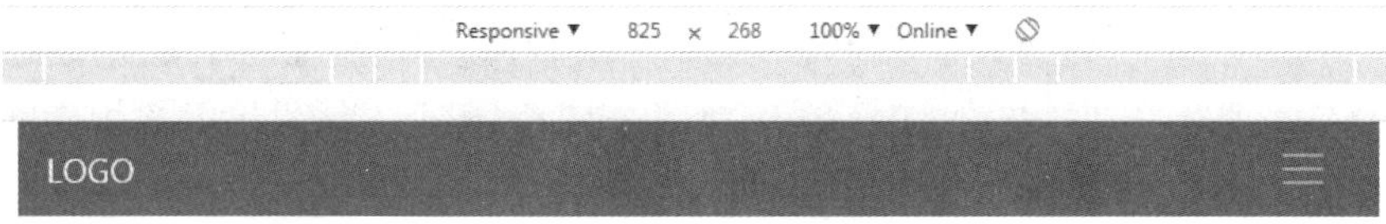

图 4-18 导航折叠效果

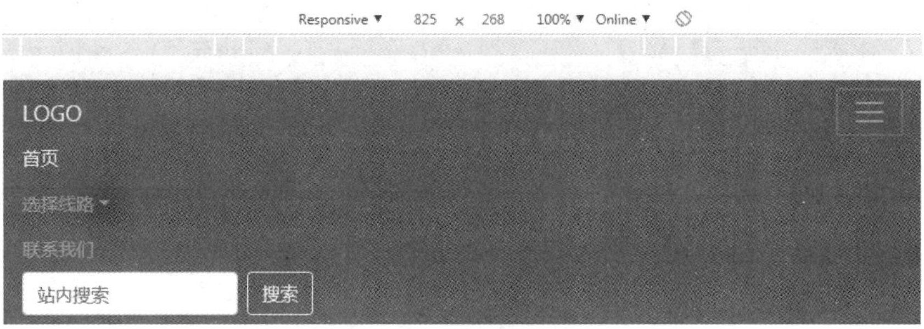

图 4-19 导航展开效果

4.3 任务 3：实现首页主体部分

任务目标	根据首页的高保真图实现首页的主体部分。		
任务难度	★★★		
实施过程：			
步骤序号	内容	出现问题	解决方案
1	实现首页第一屏广告位		
2	添加首页“观鸟召集”版块中的图文单元		
3	首页“观鸟召集”版块响应式布局		
4	“观鸟召集”版块美化		

（续表）

步骤序号	内容	出现问题	解决方案
5	添加首页“热门线路”版块中的图文单元		
6	为“热门线路”添加“瀑布流”效果		
7	为首页第一屏广告添加轮播器		
开始时间		结束时间	
完成人		完成情况	

4.3.1　步骤 1：添加首页第一屏广告

资　料	章　节	引导问题
高保真图	客户界面首页布局	（1）什么是“通栏”排版？
巨幕	2.4.12	（2）巨幕组件是否添加“jumbotron-fluid”有何区别？在本任务中尝试比较。
颜色	2.2.4	（3）如何设置文字颜色？
文本	2.2.18	（4）可以增大字体的类是（　　）。
图片	2.3.1	（5）设置图片随父元素大小保持比例缩放的类是（　　）。

首页第一屏导航栏下方是重要的广告位，在这里设置通栏图片，可以有效地获取关注。Bootstrap 的“巨幕”组件可以满足此类应用场景。在 index.html 页眉导航栏和页脚之间添加如下代码，完成如首页布局高保真图所示的广告位设置。

```
<!--首页第一屏广告位，采用巨幕实现，设置背景色为 light-->
<div class="___(1)___ pb-2 ___(2)___">
    <h1 class="___(3)___">定制旅行</h1>
    <p class="___(4)___ text-secondary">业界定制旅行领先者，实地考察，独有资源</p>
    <img class="___(5)___" src="/tourSite/img/1.jpg">
    <a class="btn ___(6)___ mt-3" href="#" >联系专员</a>
</div>
```

巨幕默认样式上内填充 pading 比较大，如果页面视觉效果空白太大，可以自行设置边距。例如，添加 pb-2 类，减小内填充的值。

4.3.2 步骤2：添加首页“观鸟召集”中的图文单元

资　料	章　节	引导问题
媒体对象	2.4.14	（1）媒体对象组件一般性标签结构是怎样的？ （2）媒体对象图文的位置如何设置？
图片	2.3.1	（3）类（　　）可以使图片呈现缩略图外观。 （4）图片垂直方向上的对齐方式有几种？尝试在本任务中进行实践比较
文本	2.2.18	（5）加粗字体的类是（　　）。
延展链接	2.2.17	（6）延展链接的作用是什么？如何设置？
定位	2.2.12	（7）设置相对定位的类是（　　）。

index.html文件的容器内，广告和页脚之间添加下列代码，并补足空白处，使运行效果如图4-20所示，并且整个媒体对象区域都可以响应该媒体对象内的链接跳转。媒体对象中的图片默认是原始大小的，为了展示效果，需要通过行内样式将图片设置为相同的宽度。媒体对象中设置延展链接时需要为包裹层设置相对定位。

```
<!--"观鸟召集"版块图文单元，采用媒体对象实现-->
<div class="___(1)___ ___(2)___ m-4">
    <!--缩略图 设置宽度为10rem,与右侧的文字留够间隔-->
    <img src="/tourSite/img/6.jpg" style="width:10rem" class="___(3)___ mr-3" alt="...">
    <div class="___(4)___">
        <!--标题中价格文字采用warning色并加粗-->
        <h5 class="mt-0 mb-1">彩云之南<span class="text-warning mx-2 ___(5)___">¥2000</span>起</h5>
        <p class="text-muted">在山水之间遇见美丽的精灵。百花岭位于云南省保山市，紧靠高黎贡山自然保护区</p>
        <p>召集时间：2020年12月29日</p>
        <p>集合地点：昆明</p>
        <a class="___(6)___" href="detail.html?id=23">查看详情</a>
    </div>
</div>
<div class="___(7)___ ___(8)___ m-4">
    <div class="___(9)___">
        <h5 class="mt-0 mb-1">深圳湾、香港米浦<span class="text-warning mx-2 ___(10)___">¥500</span>起</h5>
        <p class="text-muted">资深鸟导领队，配高倍单筒望远镜，在温暖的冬日来一场与候鸟的约会。</p>
```

```
            <p>召集时间：2021年1月15日</p>
            <p>集合地点：深圳</p>
            <a class="____(11)____" href="detail.html?id=36">查看详情</a>
        </div>
        <!--图片居右,与左侧的文字留够间隔-->
        <img class="____(12)____ ml-3" style="width: 10rem;" src="img/3.jpg">
</div>
```

图4-20　图文单元效果

4.3.3　步骤3：首页“观鸟召集”版块响应式布局

资　料	章　节	引导问题
栅格	2.1.2	（1）Bootstrap一行最多有几列？ （2）可以设置多少种断点？分别是哪些？

上一步完成后每个媒体对象默认独占一行，根据客户界面首页布局（大屏）高保真图，这一板块在大屏设备（视口宽度大于等于992px）上，每行显示两个图文单元。在这一步骤中我们使用Bootstrap4的栅格系统来实现这一设计，Bootstrap4栅格系统默认每行12个栅格，设置每个媒体对象占6个栅格，则1行显示2（=12/6）个图文单元。代码如下：

```
<!--栅格系统“行”包裹元素-->
<div class="____(1)____">
    <!—添加包裹元素，在大屏设备上图文单元占6个格子-->
    <div class="____(2)____">
        <!--“观鸟召集”版块图文单元，采用媒体对象实现-->
        <div class="media positon-relative m-4">
            …<!--此处省略部分代码-->
```

```
            </div>
        </div>
        <!--添加包裹元素，在大屏设备上图文单元占6个格子-->
        <div class="____(3)____">
            <div class="media positon-relative m-4">
                …<!--此处省略部分代码-->
            </div>
        </div>
</div>
```

4.3.4　步骤4：“观鸟召集”版块美化

资　料	章　节	引导问题
边距	2.4.6	（1）如何设置上下内填充的尺寸？ （2）如何设置左右内填充的尺寸？ （3）如何设置下外边距的尺寸？
边框	2.2.1	（4）设置显示下边框的类是（　　）。
阴影	2.2.14	（5）类（　　）可以为元素添加阴影效果。

为上一步完成的两个图文单元添加外包裹元素<div>作为版块容器，并添加<h5>标题。代码如下，补足空白处，实现如图4-21所示的效果。

```
<!--添加包裹元素，并设置阴影效果-->
<div class="____(1)____ mb-3">
        <!—版块标题，显示下边框，设置边框和字体颜色为success，调整边距-->
        <h5 class="____(2)____ ____(3)____ ____(4)____ ____(5)____ ____(6)____">观鸟召集</h5>
        <!--栅格系统"行"包裹元素-->
```

图4-21　美化后的版块效果

4.3.5 步骤5：添加“热门线路”版块中的图文单元

资 料	章 节	引导问题
卡片	2.4.6	（1）卡片组件包裹元素类是（　　）。 （2）上图下文的卡片元素结构是怎样的？ （3）设置卡片体可以包含哪些内容？分别采用哪些类设置样式？

“热门线路”版块与“观鸟召集”版块设计相同，只是标题颜色改为“danger”。内容中的图文单元中“图”和“文”呈现上下分布，我们使用“卡片”组件来实现。在“观鸟召集”和“页脚”之间添加下面的代码，并补足空白处。

```
<!--"热门线路"版块-->
<div class="shadow mb-3">
<h5 class="border-bottom border-danger text-danger py-3 pl-3">热门线路</h5>
<!--"卡片"图文单元-->
<div class="____(1)____">
    <img src="img/9.jpg" class="____(2)____" alt="...">
     <!--"卡片"体-->
     <div class="____(3)____">
          <!--"卡片"标题-->
          <h5 class="____(4)____ text-dark">江西•鄱阳湖自然保护区</h5>
          <!--"卡片"副标题-->
          <h6 class="____(5)____">灰鹤、白枕鹤</h6>
          <!--"卡片"文字-->
          <p class="____(6)____ text-muted">鄱阳湖候鸟，在每年秋末冬初(10月)，从俄罗斯西伯利亚、蒙古、日本、朝鲜以及中国东北、西北等地，飞来成千上万只候鸟，直到翌年春（4月）逐渐离去。</p>
          <!--"卡片"文字，减小字体-->
          <p class="____(7)____"><small class="text-muted">最佳观鸟季：11月至次年3月</small></p>
          <!--延展链接-->
          <a href="#" class="____(8)____"></a>
     </div>
 </div>
 </div>
```

再继续添加至少4个图文单元，此时“热门线路”版块的每个图文单元是单独占一行的，而不是高保真图中的“瀑布流”效果。

4.3.6 步骤6：为“热门线路”添加“瀑布流”效果

资　料	章　节	引导问题
卡片	2.4.6	（1）如何使一组Bootstrap4卡片呈现瀑布流效果？ （2）如何实现卡片瀑布流的列数随视口宽度做响应式变化？

在 index.html 中为“热门线路”版块中的卡片添加包裹类，补足空白处，实现“热门线路”版块的瀑布流效果。代码如下：

```
<!-- "热门线路"-->
<div class="mb-3 shadow">
    <!--设置边框和字体颜色为warning-->
    <h5 class="border-bottom border-danger text-danger py-3 pl-3">热门线路</h5>
    <!--添加包裹元素并进行瀑布流设置-->
    <div class="____(1)____ mt-3 p-2">
        <!--"热门线路"版块图文单元-->
        <!--"卡片"组件包裹素-->
        <div class="card">
            …<!--此处省略部分代码-->
        </div>
        <div class="card">
            …<!--此处省略部分代码-->
        </div>
        <div class="card">
            …<!--此处省略部分代码-->
        </div>
        <div class="card">
            …<!--此处省略部分代码-->
        </div>
        <div class="card">
            …<!--此处省略部分代码-->
        </div>
    </div>
</div>
```

正确配置卡片瀑布流后，效果如图4-22所示。在任何视口宽度下瀑布流都呈3列显示。这是Bootstrap的默认设置。

图4-22　“瀑布流”效果

首页布局（中屏、小屏）高保真图的需求是在中等宽度设备上“瀑布流”布局呈2列，在窄宽设备上，图文单元呈1列，如图4-23、图4-24所示。要达到响应式效果，需要编写CSS样式来实现，在index.html <head>和<body>之间添加如下代码：

```
<style>
    @media (max-width: 576px) {
        .card-columns {
            column-count: 1;
            -moz-column-count:1;
            -webkit-column-count:1;
        }
    }
    @media (max-width: 768px) and (min-width: 576px) {
        .card-columns {
            column-count: 2;
            -moz-column-count:2;
            -webkit-column-count:2;
```

```
        }
    }
    @media (min-width: 992px) {
        .card-columns {
            column-count: 3;
            -moz-column-count:3;
            -webkit-column-count:3;
        }
    }
</style>
```

图4-23　中等屏幕“瀑布流”效果

图4-24　小屏及以下设备上运行效果

4.3.7　步骤7：为首页第一屏广告添加轮播器

资　料	章　节	引导问题
轮播器	2.4.7	（1）一个带有向前、向后链接和指示器的轮播器元素结构是怎样的？ （2）完成轮播器的JS行为需要为元素设置哪些属性？ （3）轮播器指示器要求使用什么元素？ （4）为轮播器图片添加滑动淡入淡出的转场动画效果需要在轮播器包裹元素上设置（　　）和（　　）类。
尺寸	2.2.15	（5）如何以比例的形式设置宽度？

将巨幕中原来的图片，改写为轮播器，按提示补足下列代码空白处，轮播器条目中的图片尺寸设置为比例形式，即宽度占父元素的100%，使图片可随视口大小按比例伸缩。

```
<!--首页第一屏广告位，采用巨幕实现-->
<div class="jumbotron pb-2 bg-light">
    <h1 class="text-info">定制旅行</h1>
    <p class="lead text-secondary">业界定制旅行领先者，实地考察，独有资源</p>
    <!--轮播器-->
    <div class="____(1)____">
        <!--轮播器内层-->
        <div class="____(2)____">
            <!--轮播器条目-->
            <div class="____(3)____">
                 <img src="/tourSite/img/1.jpg" class="w-100" alt="...">
            </div>
            <div class="____(4)____ active">
                <img src="/tourSite/img/c2.jpg" class="w-100" alt="...">
            </div>
            <div class="____(5)____">
                <img src="/tourSite/img/c3.jpg" class="w-100" alt="...">
            </div>
        </div>
    </div>
    <a class="btn btn-outline-primary mt-3" href="#">联系专员</a>
</div>
```

此时，轮播器只能显示active状态的图片，下面我们添加前进、后退链接，在内层元素后面添加前进、后退链接，补足下列代码，效果如图4-25所示。

```
<!—前进链接-->
<a class="____(6)____" >
    <span class="____(7)____"></span>
</a>
<!--后退链接-->
<a class="____(8)____" >
    <span class="____(9)____"></span>
```

图4-25　带“向前”“向后”链接的轮播器

```
</a>
```

前进、后退链接徒具其表，并不能触发轮播器前进、后退行为，故须补足下面代码空白处：

```
<div class="carousel" id="adCarousel">
…
<!—前进链接-->
<a class="carousel-control-prev" ____(10)____ ____(11)____>
    <span class="carousel-control-prev-icon"></span>
</a>
<!--后退链接-->
<a class="carousel-control-next" ____(12)____ ____(13)____>
    <span class="carousel-control-next-icon"></span>
</a>
```

此时，轮播器行为已经实现，我们可以继续添加图片并切换到动画效果，补足下面代码空白处，实现淡入淡出效果切换动画。

```
<div class="carousel ____(14)____ ____(15)____" id="adCarousel">
```

为轮播器添加指示器，补足下列代码，呈现如图4-26所示效果，并能够实现单击指示器切换到相应图片的效果。

```
<!--指示器-->
<ol class="____(16)____">
  <li ____(17)____></li>
  <li ____(18)____ class="active"></li>
  <li ____(19)____></li>
</ol>
```

图4-26　带指示器的轮播器

此时，轮播器已经具有了向前、向后、点播功能，下面添加自动播放功能，代码如下：

```
<!--轮播器-->
<div class="carousel slide carousel-fade" id="adCarousel" ____(20)____>
```

在内层条目上设置间隔时长，代码如下：

```
<!--轮播器条目-->
<div class="carousel-item" ____(21)____>
    <img src="img/1.jpg" class="d-block w-100" alt="...">
</div>
```

4.4　任务 4：实现“线路展示”页面

任务目标	根据“线路展示”页面的高保真图实现页面主体部分		
任务难度	★★★		
实施过程：			
步骤序号	内容	出现问题	解决方案
1	实现页面主体部分响应式布局		
2	实现“线路区划导航”的响应式布局		
3	实现“线路区划导航”页内导航功能		
4	为“线路展示”版块添加标题		
开始时间		结束时间	
完成人		完成情况	

4.4.1　步骤 1：实现页面主体部分响应式布局

资　料	章　节	引导问题
“线路展示”页面高保真图	“线路展示”页面（大、中、小屏）	（1）对比不同视口下，布局有何不同？ （2）能否快速判定“断点”？
弹性盒	2.2.7	（3）如何使用弹性盒快捷地进行布局？ （4）弹性盒和栅格系统在布局应用场景上有何区别？
文本	2.2.18	（5）如何去掉超链默认的样式？

本任务实现“线路展示”页面，在项目中新建 tourRoutes.html 文件，“线路展示”页面的页眉和页脚与“首页”相同。

首先实现“线路展示”页面中主体部分“线路区划导航栏”和“线路展示”版块的响应式布局。对比大屏和小屏“线路展示”页面的高保真图，“线路展示”版块在大屏以上设备中每行最多显示 4 个图文单元，中屏设备上则显示 2 个图文单元，小屏以下设备上每行显示 1 个图文单元，用 Bootstrap 的栅格系统可以实现这一需求。“线路区划导航栏”与“线路展示”版块在中等屏幕以上的设备上呈左右分布，在小屏以下设备上呈上下分布。“线路区划导航栏”和“线路展示”版块的包裹元素都采用块状元素 div，在中等屏幕以上为元素添加弹性盒行为特点，块状元素共用一行。

在 tourRoutes.html 页眉和页脚之间添加如下代码，并补足空白处，实现如图 4-27、

图 4-28 所示的响应式布局。

```
<!--页面主体部分，中屏以上设置为弹性盒-->
<div class="    (1)    ">
    <!--线路区划导航栏-->
    <div class="mr-2">线路区划导航栏</div>
    <!-"线路展示"版块，采用栅格系统布局，大屏每行最多 4 个，中屏 2 个，小屏 1 个图文单元-->
    <div class="    (2)    ">
        <div class="    (3)    ">
            <!--用卡片实现图文单元-->
            <div class="card">
                <img class="card-img-top" src="/tourSite/img/5s.jpg"></img>
            <div class="card-body">
                    <h5 class="card-title">婺源</h5>
                    <p class="card-text">婺源县，隶属于江西省上饶市，位于江西省东北部，总面积2967平方千米。</p>
                     <a href="detail.html?id=33" class="stretched-link"></a>
                </div>
            </div>
        </div>
        <div class="    (4)    ">
            <div class="card">
    ...
            </div>
        </div>
        <div class="    (5)    ">
            <div class="card">
                ...
            </div>
        </div>
    </div>
</div>
```

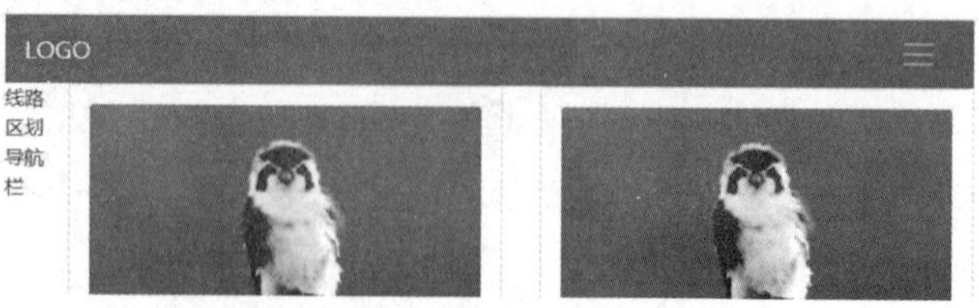

图 4-27　中等屏幕以上布局

图4-28　小屏以下布局

4.4.2　步骤2：实现“线路区划导航栏”的响应式布局

资　料	章　节	引导问题
导航	2.4.16	（1）导航组件的元素结构有几种写法？搜索引擎采用的是哪一种？ （2）如何使导航呈现“胶囊”式外观？ （3）“胶囊”式导航是否支持断点设置？ （4）如何修改Bootstrap4默认样式？
弹性盒	2.2.7	（5）如何使导航栏条目垂直显示？
Display属性	2.2.5	（6）怎样设置不同视口下元素的显示与隐藏？ （7）怎样设置打印时不显示？

对比不同视口下的高保真图，“线路区划导航栏”在中等及以上屏幕呈现普通导航的外观，导航链接垂直分布；在小屏及以下屏幕上呈现“胶囊”式导航外观，导航链接水平分布。

补全下列代码空白处，实现“线路区划导航栏”响应式布局外观变化，效果如图4-29所示。

```
<!--页面主体部分，中屏以上设置为弹性盒-->
<div class="d-md-flex mt-2">
    <!--线路区划导航栏-->
    <!--中等及以上屏幕显示，普通导航外观，导航超链垂直分布，小屏设备隐藏-->
    <div class="___(1)___ text-center" style="min-width: 8rem;">
        <a class="___(2)___" href="">华东</a>
        <a class="___(3)___" href="">华南</a>
    </div>
    <!--小屏及以下设备显示"胶囊"导航外观，导航超链水平分布，中屏以上设备隐藏-->
    <div class="___(4)___" style="min-width: 8rem;">
        <a class="___(5)___ active" href="">华东</a>
        <a class="___(6)___" href="">华南</a>
    </div>
    <!--"线路展示"版块，大屏每行最多4个，中屏2个，小屏1个图文单元-->
```

图 4-29　中屏及以上设备布局

从图 4-30 中看到，“胶囊式”导航 active 状态默认的样式是 primary 底色。打开浏览器调试工具，可以看到 Bootstrap 中采用“.nav-pills .nav-link.active”选择器设置默认样式，如图 4-31 所示。

图 4-30　小屏及以下设备布局

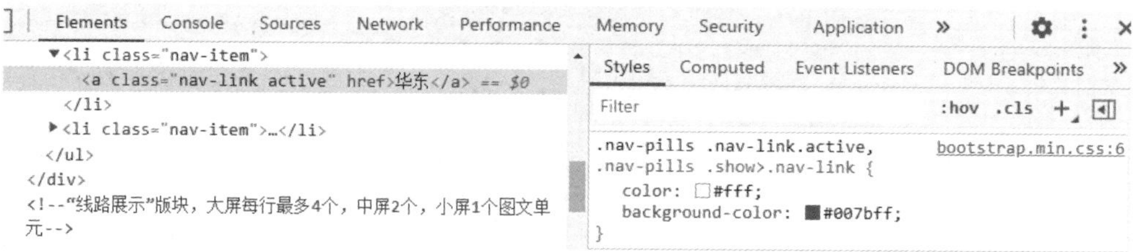

图 4-31　调试器中显示 active 默认样式

如果需要局部改变“胶囊”式导航链接 active 状态的样式，我们可以在当前页面以更高的优先级重新定义“.nav-pills .nav-link.active”的样式。

在当前页面 body 前面添加如下的 CSS 样式，自定义“胶囊”式导航链接活跃状态的样式。

```
<style>
    .nav-pills .nav-link.active{
        background-color: transparent !important;
        border: 1px solid #007BFF !important;
        color:#007BFF !important;
    }
</style>
```

新样式生效后效果如图 4-32 所示。

图4-32　自定义“胶囊”式导航active效果

4.4.3　步骤3：实现“线路区划导航栏”页内导航功能

资　料	章　节	引导问题
选项卡	2.4.16.1	（1）选项卡导航与内容部分是什么关系（父子/兄弟）？ （2）内容部分元素结构是怎样的？分别设置什么类？ （3）选项卡导航链接需设置属性（　　）。 （4）导航链接与相应的内容窗是如何建立对应关系的？
弹性盒	2.2.7	（5）如何设置弹性子元素占据剩余空间？

我们在这一步骤中实现“线路区划导航栏”。补足下列代码，实现页面内部动态导航效果，默认情况下显示所有区域版块；单击选择某个“观鸟区域”导航链接后，只显示指定区域的线路版块。

```
<!--页面主体部分-->
<div class="d-md-flex mt-2">
    <!--线路区划导航栏-->
    <!--中等及以上屏幕显示普通导航外观，导航超链垂直分布-->
        <div class="navtext-center d-none d-md-block" style="min-width:8rem;">
        <!--导航链接设置支持导航相关属性-->
        <a class="nav-link active" ____(1)____ href="____(2)____">华东</a>
        <a class="nav-link" ____(3)____ href="____(4)____">华南</a>
    </div>
    <!--小屏及以下设备显示"胶囊"式导航外观，导航超链水平分布-->
    <div class="nav nav-pills d-block d-md-none" style="min-width:8rem;">
        <a class="nav-link active" ____(5)____ href="____(6)____">华东</a>
        <a class="nav-link" ____(7)____ href="____(8)____">华南</a>
```

```
    </div>
    <!--"线路展示"版块，添加"导航内容"外包裹-->
    <div class="    (9)    ">
        <!--添加内容窗外包裹，设置"淡入淡出"转场动画-->
        <div class="    (10)    active" id="huaDong">
            <!--大屏每行最多4个，中屏2个，小屏1个图文单元-->
            <div class="row mt-2">
                <div class="col-lg-3 col-md-6 col-sm-12">
                    <!--用卡片实现图文单元，去掉超链默认的文字样式-->
                   <div class="card p-3 mb-3 text-decoration-none text-dark">
                       <img class="card-img-top"  src="./img/5s.jpg" alt="白腿小隼">
                       <div class="card-body">
                           <h5 class="card-title">婺源</h5>
                           <p class="card-text">婺源县，隶属于江西省上饶市，位于江西省东北部，总面积2967平方千米。</p>
<a href="detail.html?id=33" class="stretched-link"></a>
                       </div>
     </div>
                </div>
                <div class="col-lg-3 col-md-6 col-sm-12">
                 …<!--此处省略部分代码-->
                </div>
                <div class="col-lg-3 col-md-6 col-sm-12">
                 …<!--此处省略部分代码-->
                 </div>
            </div>
        </div>
        <div class="    (11)    active" id="huaNan">
            <div class="row mt-2">
                 … <!--此处省略部分代码-->
            </div>
        </div>
     </div>
</div>
```

在页面中完成上述代码的编写后，应该能流畅地完成导航。但是切换至某些版块，可能会出现“线路展示”部分图文单元面积缩小的问题，在调试工具中发现造成此问题的原因是导航内容弹性子元素的宽度没有占满剩余的部分，如图4-33所示。

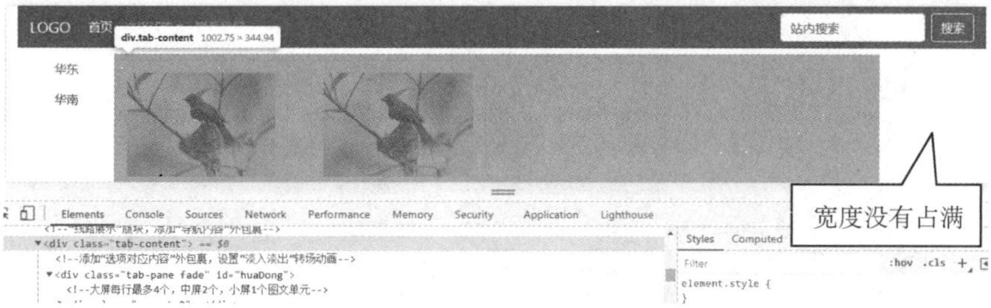

图4-33　调试器中观察“线路展示”版块

可以在“导航内容”包裹元素上添加弹性盒相关类，使弹性子元素使用剩余空间，断点设置应当与弹性盒的断点相同，试补足下列代码，解决上述问题。

```
<!--"线路展示"版块，添加"导航内容"外包裹，弹性子元素使用剩余空间-->
<div class="tab-content ____(12)____">
```

4.4.4　步骤4：为“线路展示”版块添加标题

资　料	资　源	引导问题
图标	2.5	（1）Bootstrap4有几种使用图标方式？ （2）在这一任务应用场景下，应使用哪一种？
SVG	自行查找技术资料，并添加进活页册中	（3）SVG文档片段的标签是什么？ （4）控制宽、高、绘图区域的属性是什么？怎样控制缩放？ （5）设置矢量图颜色的属性是什么？

最后一步，我们为区域线路展示添加标题，标题的左侧有一个“望远镜”，这是用Bootstrap字体图标实现的。标题部分我们采用一个带下边框的div就可以实现，字体大小可以通过标签内部设置CSS样式的形式灵活调整，将下述代码添加到tourRoutes.html中的适当的位置，并补足下列代码的空白处，实现如图4-34所示的效果。

```
<!--区域线路标题，显示下边框，边框颜色为primary-->
<h4 class="mb-3 ____(1)____" >
    <span class="text-muted ml-3">华东</span>
</h4>
```

接下来，在文字“华东”的左侧，按照高保真图的要求，添加“望远镜”图标。在Bootstrap图标页面上找到“望远镜”图标，进入“望远镜”图标的使用说明页，我们采用SVG文档片段的方式使用这一图标，找到“Copy HTML”部分，如图4-35所示，单击SVG标签右上角的“copy”图标复制文档片段。

图 4-34　添加标题后效果

图 4-35　复制“望远镜”图标的 HTML

将复制好的文档片段，粘贴到“华东”文字前面，使用当前颜色绘制图标，如果当前元素没有指定颜色，则使用继承自父节点的颜色来绘制。补足下列代码，按照高保真图的要求采用 primary 色来绘制图标，调整 width、height、viewBox 的值，放大图标，调整图标在垂直方向上的位置，使整体视觉效果舒适。

```
<!--区域线路标题，显示下边框，边框和字体颜色为primary-->
<h4 class="mb-3 pb-2 border-bottom border-primary ____(2)____" >
    <svg xmlns="http://www.w3.org/2000/svg" width="____(3)____" height="____(4)____" fill="currentColor" class="bi bi-binoculars-fill" viewBox="0 0____(5)____ ____(6)____">
        <path d="M4.5 1A1.5 1.5 0 0 0 3 2.5V3h4v-.5A1.5 1.5 0 0 0 5.5 1h-1zM7 4v1h………1.5 1.5 0 0 1 13 2.5V3z"/>
    </svg>
    <span class="text-muted ml-3">华东</span>
</h4>
```

4.5　任务 5：实现“线路详情”页面

任务目标	根据“线路详情”的高保真图实现页面的主体部分
任务难度	★★★★
实施过程：	

（续表）

步骤序号	内容	出现问题	解决方案
1	实现页面中的“面包屑”导航		
2	实现页面“线路参数”版块		
3	实现页面“选项卡”版块导航功能		
4	实现“行程安排”时间线		
5	实现“用户评价”内容		
开始时间		结束时间	
完成人		完成情况	

4.5.1　步骤1：实现页面中的“面包屑”导航

资　料	章　节	引导问题
面包屑导航	2.4.3	（1）面包屑导航推荐使用什么标签？ （2）面包屑导航包裹类是（　　）。 （3）面包屑导航条目类是（　　）。
图标	2.5	（4）SVG图标如何用作背景图片？

本任务根据高保真图实现“线路详情”页面，在项目中新建一个detail.html文件，页面的页眉和页脚与“首页”相同。在detail.html的页眉和页脚之间添加如下代码，并补足空白处。Bootstrap“面包屑”导航默认样式带灰色背景，外边距较大，需要添加样式去掉背景色，并减小下外边距。效果如图4-36所示。

```
<!--面包屑导航-->
<nav>
    <!--面包屑导航包裹元素，去掉默认的背景色-->
    <ol class="___(1)___ ___(2)___ mb-0">
        <!--面包屑导航条目-->
        <li class="___(3)___"><a href="#">国内</a></li>
        <li class="___(4)___"><a href="#">西北</a></li>
        <!--活跃的面包屑导航条目-->
        <li class="___(5)___ active">青海</li>
    </ol>
</nav>
```

国内 / 西北 / 青海

图4-36　“面包屑”导航效果

在调试工具中，可以看到Bootstrap通过设置“.breadcrumb-item+.breadcrumb-item:before”伪元素选择器的content属性值来设置“面包屑”导航间隔符号，如图4-37所示。

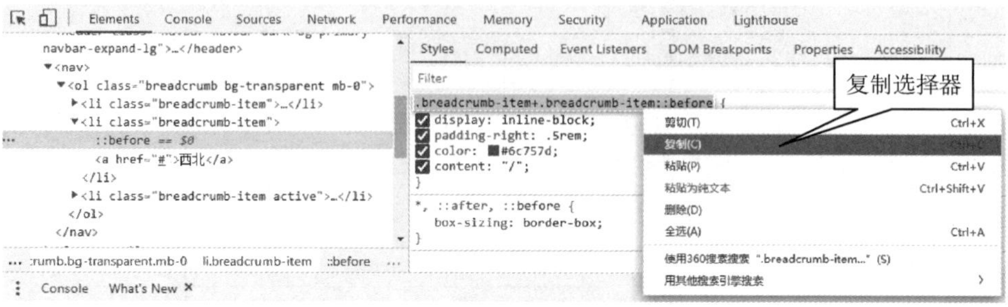

图4-37 “面包屑”间隔符CSS规则

我们可以在需要改变默认间隔符号的页面中对默认样式进行覆盖，在detail.html <body>元素前面添加下面CSS样式。选择器可以从调试工具中复制，如图4-37所示。

```
<style>
    .breadcrumb-item+.breadcrumb-item::before{
        content:'>>'   //设置默认间隔符号
    }
</style>
```

刷新页面，可以看到“面包屑”导航的间隔符号已经改变，如图4-38所示，说明上述方法有效。

国内 >> 西北 >> 青海

图4-38 修改后的“面包屑”导航效果

高保真图中的间隔符号是Bootstrap的“link-45deg”图标。下载Boostrap图标库并解压至项目img目录下。

找到link-45deg.svg文件并修改颜色为“#aaa”，将修改后的SVG文件另存为“link-45deg-grey.svg”。将“面包屑”导航的间隔符号content 属性改为url()函数的方式，补足下面代码的空白处，实现如图4-39所示的“面包屑”导航效果。

```
<style>
    .breadcrumb-item+.breadcrumb-item::before{
        content:url(______(6)______)
    }
</style>
```

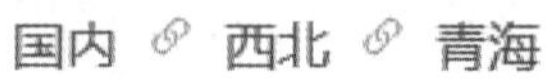

图4-39 使用图标作为间隔符的面包屑导航效果

4.5.2　步骤 2：实现页面“线路详情”版块

资　料	章　节	引导问题
徽章	2.4.2	（1）徽章的基础类是（　　）。 （2）怎样使徽章呈现“胶囊”式外观？
列表组	2.4.13	（3）列表组元素结构是怎样的？
卡片	2.4.6	（4）卡片中的图片和文字部分如何呈水平布局？
颜色	2.2.4	（5）设置背景色为透明色的类是（　　）。

“线路详情”图文单元用“卡片”组件来组织，我们在首页中使用卡片完成了“热门线路”版块的图文单元，采用了上图下文的形式，这是卡片图文默认的布局形式。“线路详情”页面中的图文在中等屏幕以上设备上是呈左右分布的，这就需要借助栅格系统来完成。将下列代码添加到 detail.html “面包屑”导航的下方，并补足下列代码空白处，实现如图 4-40 所示的效果。

```
<!--采用卡片组织“线路详情”图文单元-->
<div class="card">
    <h4 class="card-header">
        青海湖-互助北山-5天4晚
    </h4>
    <!--中屏及以上设备图、文水平布局，需要借助栅格系统-->
    <div class="card-body ____(1)____">
        <!--图片中屏及以上设备占7格-->
        <div class="____(2)____">
            <img src="img/11.jpg" alt="">
        </div>
        <!--文字参数，图片中屏及以上设备占5格-->
        <div class="____(3)____">文字参数</div>
    </div>
</div>
```

图 4-40　卡片左图右文效果

我们采用Boostrap的列表组来实现文字参数部分，用列表组替换78行的<div>，补足空白处，实现如图4-41所示的效果。

```
75. <!---文字参数，图片中屏及以上设备占5格，采用列表组实现-->
76. <ul class="col-md-5 ______(4)______">
77.     <li class="______(5)______">预定价格：4800</li>
78.     <li class="______(6)______">交通方式：汽车</li>
79.     <li class="______(7)______">行程天数：5天</li>
80.     <li class="______(8)______">出发地：全国</li>
81.     <li class="______(9)______">提前报名：建议提前7-10天报名</li>
82.     <li class="______(10)______">集合时间：8月2日</li>
83.     <li class="______(11)______">集合/散团地点：西宁</li>
84.     <li class="______(12)______">
85.         <!--按钮组件-->
86.         <button class="btn btn-warning">立即预定</button>
87.     </li>
88. </ul>
```

图4-41 列表组实现文字参数效果

在调试工具中，模拟小屏设备，图文布局变成垂直分布，图文之间没有间距，且文字参数部分，水平方向上不居中，如图4-42所示。

图4-42 小屏设备上存在的问题

在调试工具中发现其原因是Bootstrap列表组默认有右侧内填充，如图4-43所示。

图4-43　列表组默认的右侧内填充

除此之外，对比高保真图，仍需解决下述问题：

（1）列表组默认样式是有边框的，页面中效果不理想，应当去掉。

（2）图片在视口宽度改变时，不能保持比例缩放，会变形。

（3）高保真图中的图片有阴影效果。

（4）高保真图中卡片没有边框，卡片标题也没有背景色。

（5）卡片标题还需要添加一个“召集中”徽章。

进一步修改下列“线路详情”版块代码，补足空白处，完成高保真图中的效果。

```
<!--采用卡片组织"线路详情"图文单元-->
<div class="card border-0">
    <h4 class="card-header ___(13)___ border-0">
        <a href="#" class="___(14)___ text-light mr-3">召集中</a>
        青海湖-互助北山-5天4晚
    </h4>
    <!--中屏及以上设备图、文水平布局，需要借助栅格系统-->
    <div class="card-body row">
        <!--图片中屏及以上设备占7格-->
        <div class="col-md-7  mb-4">
            <!--图片设置为随父元素缩放-->
            <img src="img/11.jpg" alt="" class="___(15)___">
        </div>
        <!--采用列表组实现文字参数，去掉默认的右侧内填充-->
        <ul class="col-md-5 list-group ___(16)___">
          <li class="list-group-item ___(17)___ bg-light">预订价格：4800</li>
          <li class="list-group-item ___(18)___">交通方式：汽车</li>
          <li class="list-group-item ___(19)___">行程天数：5天</li>
          <li class="list-group-item ___(20)___">出发地：全国</li>
          <li class="list-group-item ___(21)___">提前报名：建议提前7-10天报名</li>
          <li class="list-group-item ___(22)___">集合时间：8月2日</li>
          <li class="list-group-item ___(23)___">集合/散团地点：西宁</li>
```

```
            <li class="list-group-item ____(24)____">
                <!--按钮组件-->
                <button class="btn btn-warning">立即预订</button>
            </li>
        </ul>
    </div>
</div>
```

4.5.3　步骤3：实现页面“选项卡”版块导航功能

资　料	章　节	引导问题
导航	2.4.16	（1）“选项卡”式导航的标签结构是怎样的？ （2）选项卡内容包裹元素需要配置（　　）类。 （3）选项卡内容窗元素需要配置（　　）类。 （4）选项链接元素需要设置哪些属性来完成选项卡行为？

在“detail.html”文件的“线路详情”版块下添加下列代码，补足空白处，完成包含“行程”“评价”“价格说明”“付款方式”4个导航选项及内容部分的选项卡。单击某个导航选项时，可以切换至对应的内容窗，如图4-44、图4-45所示，并伴随淡入淡出的转场动画。

```
<!--选项卡导航版块-->
<ul class="nav nav-tabs">
    <!--导航条目-->
    <li class="nav-item">
        <a class="nav-link active" ____(1)____ href="____(2)____">
            <h6>行程</h6>
        </a>
    </li>
    <li class="nav-item">
        <a class="nav-link" ____(3)____ href="____(4)____">
            <h6>评价</h6>
        </a>
    </li>
    <li class="nav-item">
        <a class="nav-link" ____(5)____ href="____(6)____">
            <h6>价格说明</h6>
        </a>
    </li>
```

```
    <li class="nav-item">
        <a class="nav-link" ____(7)____ href="____(8)____">
            <h6>付款方式</h6>
        </a>
    </li>
</ul>
<!--选项卡内容，设置淡入淡出转场动画-->
<div class="____(9)____ border border-top-0 pb-2">
    <div class="________(10)________" id="scheduling">
        行程安排
    </div>
    <div class="______(11)______" id="comments">
        用户评价
    </div>
    <div class="______(12)______" id="price">
        价格说明
    </div>
    <div class="______(13)______" id="payment">
        付款方式
    </div>
</div>
```

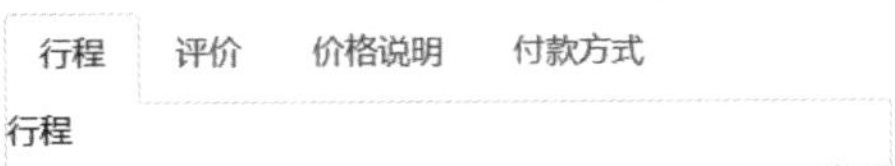

图4-44　选项卡初始状态

图4-45　单击“价格说明”选项后的效果

4.5.4　步骤4：实现“行程”时间线

资　料	章　节	引导问题
边框	2.2.1	使元素呈现圆形的类是（　　）。

首先在“行程”内容窗中添加下列代码，实现如图4-46所示的效果。

```
<!--"行程"内容窗-->
<div class="tab-pane fade show active" id="scheduling">
    <div class="list-group pt-4">
        <div class="list-group-item border-0">
            <h6><span class="bg-primary text-light">D1</span></h6>
```

```
                <div>
                    <p>西宁火车站集合</p>
                    <p>晚饭后，入住西宁市酒店。领队做青海湖夏季常见鸟种介绍</p>
                </div>
            </div>
            <div class="list-group-item border-0">
                <h6><span class="bg-primary text-light">D2</span></h6>
                <div>
                    <p>目标鸟种:班头雁、棕头鸥、赤麻鸭、...</p>
                    <p>6:00 早餐后出发前往青海湖。</p>
                    <p>全天环湖观鸟，晚餐后入住青海湖景区酒店</p>
                </div>
            </div>
        </div>
</div>
```

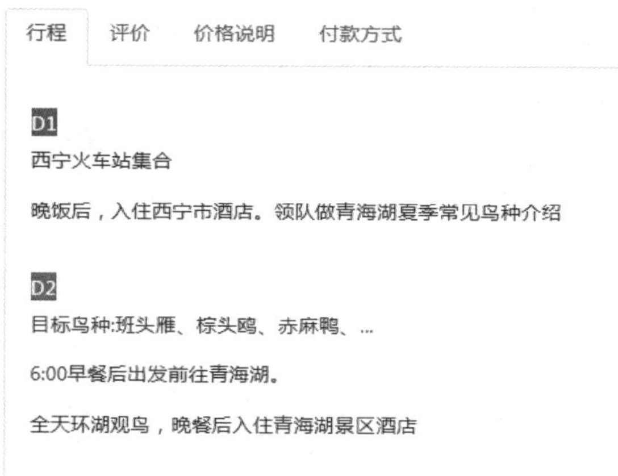

图4-46　用列表组实现“行程安排”内容窗

Bootstrap并没有“时间线”组件，需要自己来实现，首先将方形变为圆形，并设置文字部分左侧边框，补足下列代码空白处，实现如图4-47所示效果。

```
<div class="list-group-item border-0">
    <h6><span class="bg-primary text-light ____(1)____">D1</span></h6>
    <div class="________(2)________">
        <p>西宁火车站集合</p>
        <p>晚饭后，入住西宁市酒店。领队做青海湖夏季常见鸟种介绍</p>
    </div>
</div>
```

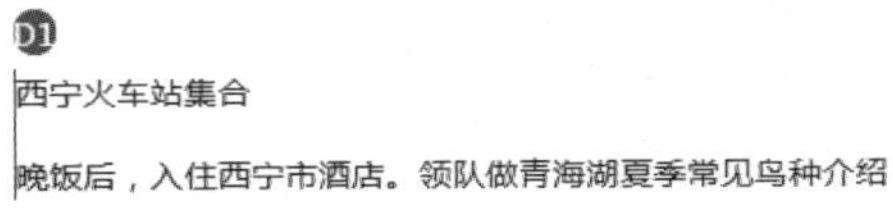

图 4-47　天数序号圆角效果

补足下列代码空白处，调整标题的内填充，通过设置文字部分左侧外边距扩大圆形范围，调整边框的位置使边框线与圆形中轴线对齐，达到如图 4-48 所示的效果。

```
<div class="list-group-item border-0">
    <h6><span class="bg-primary text-light rounded-circle ____(3)____">D1</span></h6>
    <div class="border-left border-primary ____(4)____">
        <p>西宁火车站集合</p>
        <p>晚饭后，入住西宁市酒店。领队做青海湖夏季常见鸟种介绍</p>
    </div>
</div>
<div class="list-group-item border-0">
    <h6><span class="bg-primary text-light rounded-circle ____(5)____">D2</span></h6>
    <div class="border-left border-primary ____(6)____">
        <p>目标鸟种:班头雁、棕头鸥、赤麻鸭、...</p>
        <p>6:00 早餐后出发前往青海湖。</p>
        <p>全天环湖观鸟，晚餐后入住青海湖景区酒店</p>
    </div>
</div>
```

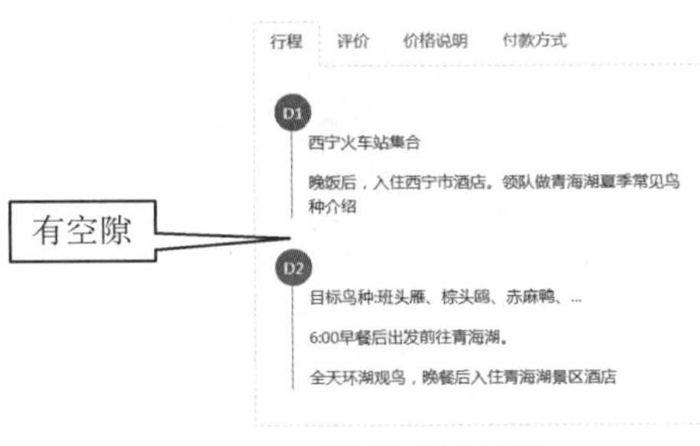

图 4-48　调整后的效果

在调试工具中，观察造成时间线空隙的原因有两个：①.list-group-item 默认的 y 轴方向内填充；②p 默认的下外边距，如图 4-49 所示。

针对原因①，可以去掉“.list-group-item” y 轴方向上的内填充。

针对原因②，如果通过清除最后一个内容段落的下外边距来解决，又会造成文字和圆形间距过小，视觉效果上不舒适。我们可以通过增加段落的包裹元素的下内填充来解决。

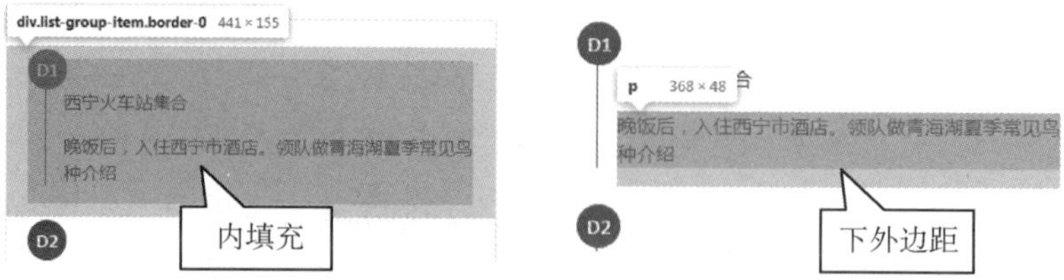

图4-49　在调试工具中查找原因

补足下列代码空白处，进一步调整实现连贯的时间线，如图4-50所示。

```
<!--"行程安排"内容窗-->
<div class="tab-pane fade show active" id="scheduling">
    <div class="list-group pt-4">
        <div class="list-group-item border-0 ____(7)____">
            <h6><span class="bg-primary text-light rounded-circle p-2">D1</span></h6>
            <div class="____(8)____ border-left border-primary ml-3 pl-3">
                <p>西宁火车站集合</p>
                <p>晚饭后，入住西宁市酒店。领队做青海湖夏季常见鸟种介绍</p>
            </div>
        </div>
        <div class="list-group-item border-0 py-0">
            <h6><span class="bg-primary text-light rounded-circle p-2">D2</span></h6>
            <div class="pb-1 border-left border-primary ml-3 pl-3">
                <p>目标鸟种:班头雁、棕头鸥、赤麻鸭、...</p>
                <p>6:00 早餐后出发前往青海湖。</p>
                <p>全天环湖观鸟，晚餐后入住青海湖景区酒店</p>
            </div>
        </div>
    </div>
</div>
```

图4-50　进一步调整后的效果图

4.5.5　步骤5：实现“评价”内容

资　料	章　节	引导问题
列表组	2.4.13	怎样设置列表组条目之间有分割线？
图标	2.5	如何以Web字体方式使用图标？

在这一步骤中，我们采用“列表组”组件来组织“评价”的内容，从高保真图中可以看出，不同用户评价之间有分割线。在“行程”内容窗后面添加“评价”内容窗代码，补足空白处，实现如图4-51所示的效果。

```
<!--"评价"内容窗-->
<div class="tab-pane fade" id="comments">
    <div class="list-group ______(1)______">
        <div class="list-group-item">
            <div>
                <div>user1</div>
            </div>
            <div>
                <p>鸟况很好，记录鸟种45种</p>
                <small>2019-8-5</small>
            </div>
        </div>
        <div class="list-group-item">
            <div>
                <div>user2</div>
            </div>
            <div>
                <p>风景优美</p>
                <small>2019-8-3</small>
            </div>
        </div>
    </div>
</div>
```

接下来，采用Bootstrap“弹性盒”使“用户名”和“用户评价”两部分呈水平布局，“用户评价”占据一行中的剩余空间，并通过调节间距达到视觉舒适状态。补足下列代码空白处，实现如图4-52所示的效果。

图4-51　用列表组实现用户评价内容

```
<!--"用户评价"内容-->
<div class="tab-pane fade" id="comments">
    <div class="list-group list-group-flush">
        <div class="list-group-item ____(2)____">
            <div>
                <div>user1</div>
            </div>
            <div class="______(3)______ pl-3">
                <p>鸟况很好，记录鸟种45种</p>
                <small>2019-8-5</small>
            </div>
        </div>
        <div class="list-group-item ____(4)____">
            <div>
                <div>user2</div>
            </div>
            <div class="______(5)______ pl-3">
                <p>风景很美</p>
                <small>2019-8-3</small>
            </div>
        </div>
    </div>
</div>
```

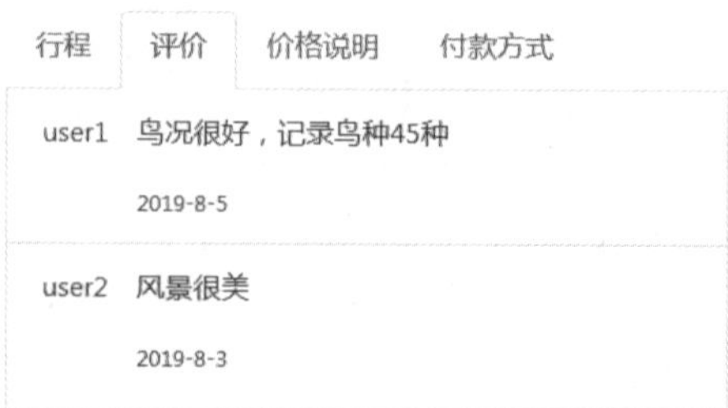

图4-52　弹性盒实现水平布局

接下来添加“用户”图标，采用Web字体的方式添加Bootstrap图标，这种方法需要在<head>部分引用Bootstrap图标库样式库文件，代码如下。

```
<!--引入Bootstrap 图标库样式文件-->
 <link href="/tourSite/img/bootstrap-icons-1.3.0/bootstrap-icons.css" rel="stylesheet" type="text/css">
```

在页面中添加Web字体图标的引用，将字体设置为primary颜色，补足下面的代码，达到如图4-53所示的效果。

```
<div>
    <!--web字体图标-->
    <i class="______(6)______ text-primary ml-2" style="font-size: 1.2rem">
    </i>
    <div>user1</div>
</div>
```

图4-53　添加图标后的效果

任 务 延 展

（1）导航栏中的LOGO子组件可以是图片、字体图标等。请自行设计与实现图片LOGO。

提示：图片替换（2.2.9小节）。

（2）尝试将首页第一屏广告改为本地视频且需要支持响应式变化。如果使用第三方平台上的视频，应怎样实现？

提示：内嵌（2.2.6小节）、插图（2.3.3小节）。

（3）文字重叠在图片上方，怎样实现？

本章高保真图

1．客户界面导航栏响应式布局

大屏及以上设备显示效果

中屏及以下设备导航栏折叠状态效果

中屏及以下设备导航栏展开显示效果

2. 客户界面首页布局（大屏）

3．首页布局（中屏、小屏）

4．“线路展示”页面（大屏）

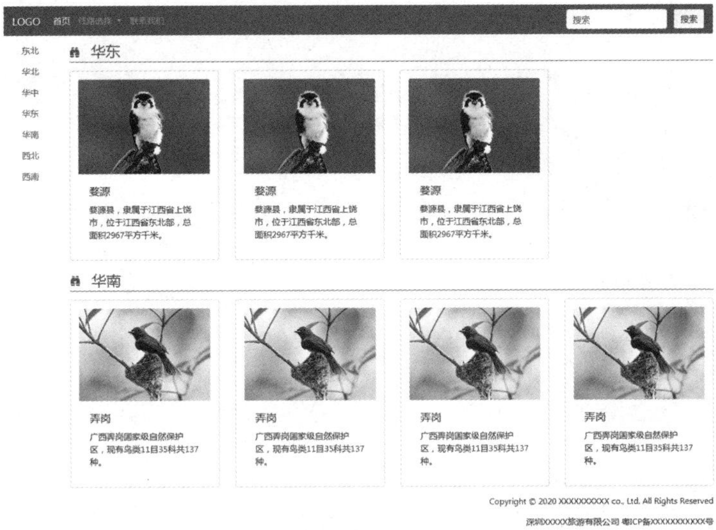

5．“线路展示”页（中屏）

6．“线路展示”（小屏）

7．“线路详情”页（大屏）

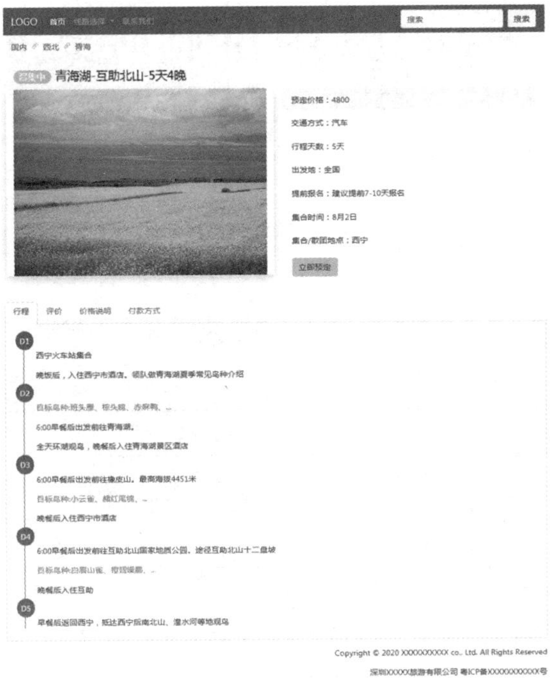

8．“线路详情”页（小屏）

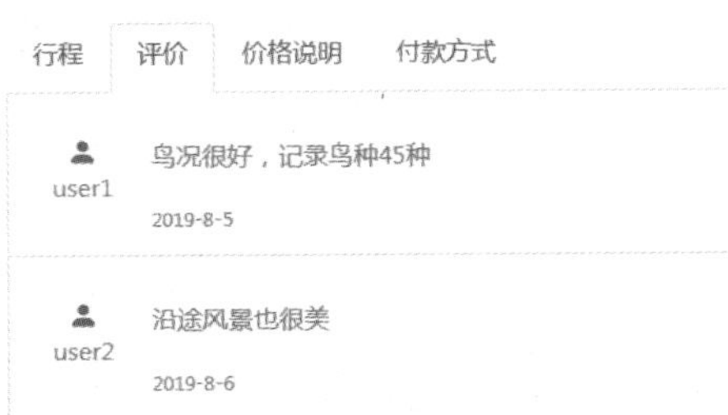

第 5 章　管理员界面响应式页面制作

本章目标：搭建系统管理网站的页面结构，以中等屏幕以上设备为主。

5.1　任务 1：实现“线路维护”页面导航部分

<table>
<tr><td>任务目标</td><td colspan="3">根据“线路维护”高保真图，实现页面页眉导航和侧边栏导航</td></tr>
<tr><td>任务难度</td><td colspan="3">★★★</td></tr>
<tr><td colspan="4">实施过程：</td></tr>
<tr><td>步骤序号</td><td>内容</td><td>出现问题</td><td>解决方案</td></tr>
<tr><td>1</td><td>实现页面结构</td><td></td><td></td></tr>
<tr><td>2</td><td>实现页眉导航</td><td></td><td></td></tr>
<tr><td>3</td><td>实现侧边栏导航</td><td></td><td></td></tr>
<tr><td>开始时间</td><td></td><td>结束时间</td><td></td></tr>
<tr><td>完成人</td><td></td><td>完成情况</td><td></td></tr>
</table>

5.1.1　步骤 1：实现页面结构

资　料	章　节	引导问题
高保真图	管理系统“线路维护”页面	页面标签结构是怎样的？

新建项目 TSMSys，新建子目录“routes”，将 Bootstrap 样式库、图标库、JS 库及 jQuery 库分别置于相应的目录下。在“routes”目录下创建文件 showRoutes.html，如图 5-1 所示。

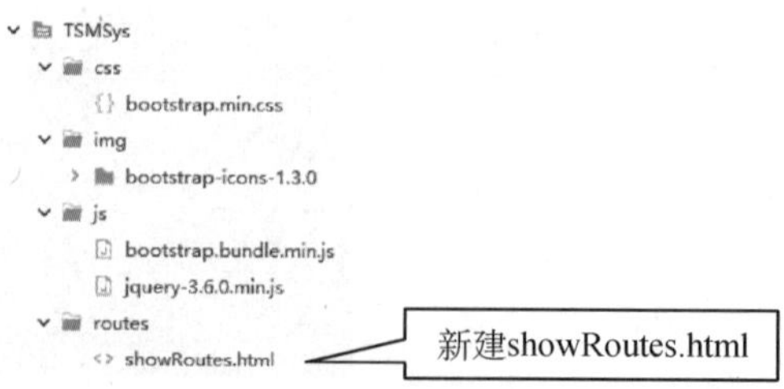

图 5-1　新建管理系统项目

我们首先实现页面的结构，侧边导航栏与页面主体部分采用弹性盒实现水平布局。在前面的任务中练习过弹性盒的用法，在新创建的文件中添加下列代码，并补足空白处。

```
<!DOCTYPE html>
<html>
    <head>
        <meta charset="utf-8">
        <meta name="viewport" content="width=device-width, initial-scale=1, shrink-to-fit=no">
        <meta name="description" content="xx网管理系统">
        <meta name="author" content="作者">
        <!--引入Bootstrap css样式文件-->
        <link href="/TSMSys/css/bootstrap.min.css" rel="stylesheet" type="text/css">
        <!--引入Bootstrap 图标库样式文件-->
        <link href="/TSMSys/img/bootstrap-icons-1.3.0/bootstrap-icons.css" rel="stylesheet" type="text/css">
        <title>xx网 管理系统</title>
    </head>
    <body>
        <!--布局容器-->
        <div class="_______(1)_______">
            <!--页眉导航栏-->
            <header>
                页眉导航
            </header>
            <!--页面主体部分,弹性盒布局，中屏及以上设备水平布局-->
            <div class="_______(2)_______">
                <!--侧边栏导航-->
                <div style="min-width:150px">
                    侧边栏导航
                </div>
                <!--内容部分，占据剩余的宽度-->
                <div class=" _______(3)_______">
                    内容部分
                </div>
            </div>
            <footerclass="text-right">
                <p>Copyright © 2020 XXXXXXXXXX co., Ltd. All Rights Reserved</p>
```

```
                    <p>深圳XXXXX旅游有限公司  粤ICP备XXXXXXXXXXX号</p>
                </footer>
            </div>
            <!--引入jQuery库文件-->
            <script src="/TSMSys/js/jquery-3.6.0.min.js"></script>
            <!--引入Bootstrap JS库文件-->
            <script src="/TSMSys/js/bootstrap.bundle.min.js"></script>
        </body>
</html>
```

5.1.2 步骤2：实现页眉导航

在“showRoutes.html”中添加页眉导航栏代码如下，导航栏组件和图标的使用在第 4 章任务中都做过相应的训练，尝试补足下列代码空白处，实现如图 5-2 所示的效果。

```
<!--页眉导航栏，深色系，背景颜色dark;导航栏扩展断点为768px-->
<header class="_____(1)_____">
     <!--品牌-->
    <a class="______(2)______" href="#">XX管理系统</a>
     <!--导航-->
    <ul class="______(3)______ mr-auto ">
        <li class="____(4)____">
                <a class="____(5)____" href="#">首页</a>
        </li>
        <li class="____(6)____ active">
                <a class="____(7)____" href="#">系统管理</a>
        </li>
        <li class="____(8)____">
                <a class="____(9)____" href="#">数据分析</a>
        </li>
    </ul>
    <div class="text-light">
        <!--图标-->
        <span class="______(10)______"></span>
        <span class="ml-2 mr-4">admin</span>
        <a class="text-light" href="#">退出</a>
    </div>
</header>
```

图5-2　页眉导航效果

5.1.3　步骤3：实现侧边栏导航

资　料	章　节	引导问题
折叠面板	2.4.8	（1）折叠面板触发元素需要设置哪些属性？ （2）触发元素与对应的内容元素之间应如何建立对应关系？ （3）设置内容元素展开状态的类是（　　）。
手风琴	2.4.8.1	（4）手风琴效果如何实现？

在侧边导航栏部分添加如下代码，并补足空白处，实现单击“线路管理”时，“线路维护”和“定制线路”在“折叠”和“展开”状态之间的切换，如图5-3所示。

```
<!--侧边栏导航栏-->
<div style="min-width:150px">
<!--折叠面板触发元素-->
    <div class="bg-info text-light" ________(1)________>
         线路管理
    </div>
     <!--折叠展开内容-->
     <div id="collapseRoutes" class="________(2)________">
         <div><a href="#">线路维护</a></div>
         <div><a href="#">定制线路</a></div>
    </div>
</div>
```

图5-3　侧边栏折叠面板展开状态效果

接下来在折叠面板中嵌套使用列表组，优化侧边栏导航显示效果。补足下列代码，实现如图5-4所示的效果。

```
<!--侧边栏导航栏-->
<div style="min-width:150px">
    <!--在折叠面板上结合使用列表组外观样式，导航模块1-->
    <div class="list-group ________(3)________">
    <!--折叠面板触发元素-->
        <div class="bg-info text-light ________(4)________" data-toggle="collapse" data-target="#collapseRoutes">
            线路管理
        </div>
        <!--折叠展开内容-->
        <div id="collapseRoutes" class="collapse show">
            <div class="________(5)________">
            <a href="#">线路维护</a>
            </div>
            <div class="________(6)________">
            <a href="#">定制线路</a></div>
            </div>
        </div>
    </div>
</div>
```

图5-4　使用列表组后侧边栏效果

仿照“线路管理”再添加一组“订单管理”侧边栏导航模块，此时，两个导航模块可以同时是“展开”的状态，如图5-5所示。

图5-5　两组折叠面板

下面我们为侧边导航栏添加“手风琴”效果，并添加图标“caret-right-fill”，补足下列代码空白处，实现如图5-6所示的效果。

```
<!--侧边栏导航栏，设置手风琴包裹元素-->
<div class="________(7)________" id="siderBar" style="min-width:150px">
    <!--在折叠面板上结合使用列表组外观样式，导航模块1-->
    <div class="list-group list-group-flush">
    <!--折叠面板触发元素-->
        <div class="bg-info text-light list-group-itembi-caret-down-fill" data-toggle="collapse" data-target="#collapseRoutes">
            线路管理
        </div>
    <!--折叠展开内容-->
        <div id="collapseRoutes" class="collapse show" ____(8)____>
            <div class="list-group-item">
                <a href="#">线路维护</a>
            </div>
            <div class="list-group-item">
                <a href="#">定制线路</a>
            </div>
        </div>
    </div>
    <!--导航模块2-->
    <div class="list-group list-group-flush">
        <div class="bg-info text-light list-group-itembi-caret-right-fill" data-toggle="collapse" data-target="#collapseOrders">
            订单管理
        </div>
        <div id="collapseOrders" class="collapse"_____(9)_____>
            <div class="list-group-item">
                <a href="#">确认订单</a>
            </div>
            <div class="list-group-item">
                <a href="#">退款申请</a>
            </div>
        </div>
    </div>
</div>
```

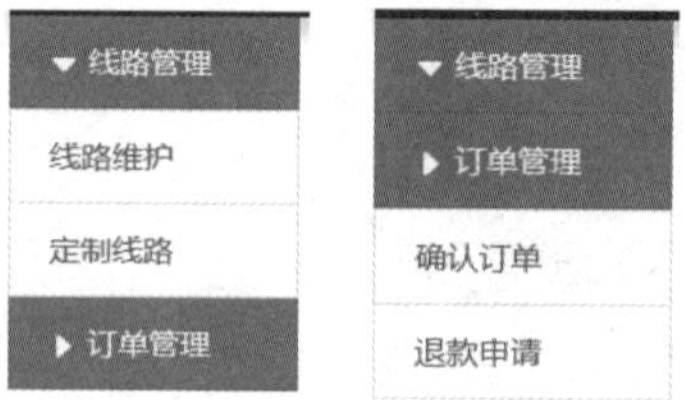

图 5-6　侧边导航栏手风琴效果

“手风琴”效果实现了，但图标不能随着折叠、展开而变化，我们将在第 6 章解决这一问题。

5.2　任务 2：实现“线路维护”页面内容部分

任务目标	根据“线路维护”高保真图实现页面		
任务难度	★★★		
实施过程：			
步骤序号	内容	出现问题	解决方案
1	添加内容部分顶部		
2	添加内容部分底部		
3	实现数据表格		
4	实现删除确认		
开始时间		结束时间	
完成人		完成情况	

5.2.1　步骤 1：添加内容部分顶部

资　料	章　节	引导问题
表单	2.4.10	（1）Bootstrap 如何设置表单控件样式？ （2）复选框定制样式类是（　　）。
输入组	2.4.11	（3）输入组的元素结构是怎样的？ （4）输入组后缀元素类是（　　）。
浮动	2.2.8	（5）Bootstrap 如何设置浮动？如何清除浮动？

从“线路维护”高保真图上看，内容部分可以从上到下分为“顶部全选框与搜索框”“数据表格”和“底部删除按钮与分页”3 个部分，首先在页面中添加内容部分的元素结构并设置好与页眉导航和侧边导航的间距，代码如下：

```
<!--内容部分-->
<div class="flex-grow-1 pl-4 pt-3">
```

```
    <!—顶部，全选框与搜索框-->
    <div></div>
    <!—中部，数据表格-->
    <table></table>
    <!—底部，删除按钮与分页-->
    <div></div>
</div>
```

顶部又分为“全选框”和“搜索框”，水平布局在左右两端，能够实现这一布局的方法有很多，这里我们采用浮动来实现，添加下列代码并补足空白处，实现如图5-7所示的效果。

```
<!--顶部，全选框与搜索框，清除浮动-->
<div class="____(1)____">
<!--全选框，向左浮动-->
    <div class="____(2)____"><input type="checkbox">全选</div>
<!--搜索框，向右浮动-->
    <form class="____(3)____form-inline">
        <input type="text"><button>搜索</button>
    </form>
</div>
```

图5-7 头部全选框和搜索框

接下来我们在以上代码的基础上，采用Bootstrap表单和输入组达到提升视觉效果，补足下列代码，实现如图5-8所示的效果。

```
<!--顶部，全选框与搜索框-->
<div class="clearfix">
    <!--全选框-->
    <div class="float-left ____(4)____ mt-1">
        <input type="checkbox" class="____(5)____" id="checkAll">
        <label class="____(6)____" for="checkAll">全选</label>
    </div>
    <!--搜索框-->
    <form class="float-right form-inline">
  <!--输入组-->
        <div class="____(7)____">
            <input type="text" class=____(8)____" placeholder="搜
```

```
索">
<!--输入组后缀-->
                <div class="______(9)______">
<!--输入组文本-->
                    <span class="______(10)______ bi-search bg-info text-light"></span>
                </div>
            </div>
        </form>
</div>
```

图 5-8　输入组提升搜索框显示效果

如果对呈现的效果不满意，可以改用定制样式，提升外观效果，补足下列代码，达到如图 5-9 所示的效果。

```
<!--全选框-->
<div class="float-left ______(11)______ ______(12)______ mt-1">
    <input type="checkbox" class="______(13)______" id="checkAll">
    <label class="______(14)______" for="checkAll">全选</label>
</div>
```

图 5-9　定制样式类提升全选框显示效果

5.2.2　步骤 2：添加内容部分底部

资　料	章　节	引导问题
分页	2.4.18	（1）分页组件的元素结构是怎样的？ （2）分别设置什么类？

内容部分的底部仍然采用浮动布局，在页面中添加下列代码，并补足空白处，实现如图 5-10 所示的效果。

```
<!--内容部分底部，删除按钮与分页-->
<div class="clearfix mt-3">
```

```
    <!--删除按钮-->
     <div class="float-left">
         <button class="btn btn-danger bi-trash"> 批量删除</button>
     </div>
     <!--分页-->
     <nav class="float-right">
         <ul class="______(1)______">
             <li class="_____(2)_____">
                 <a class="_____(3)_____ bi-chevron-double-left" href="#">
                 </a>
             </li>
             <li class="_____(4)_____"><a class="_____(5)_____" href="#">1</a></li>
             <li class="_____(6)_____"><a class="_____(7)_____" href="#">2</a></li>
             <li class="_____(8)_____"><a class="_____(9)_____" href="#">3</a></li>
             <li class="   (10)   ">
                  <a class="______(11)______ bi-chevron-double-right" href="#">
                 </a>
             </li>
         </ul>
     </nav>
 </div>
```

图 5-10　添加底部后的效果

5.2.3　步骤 3：实现数据表格

资　料	章　节	引导问题
高保真图	“线路维护”页面—屏幕宽度较小	（1）与大屏设备相比有何变化？如何实现？
表格	2.3.2	（2）响应式表格如何设置？ （3）如何设置单元格内容水平、垂直居中？
纵向对齐	2.2.19	（4）设置纵向居中对齐的类是（　　）。

这一步骤要求实现内容部分的数据表格，在“全选”按钮和搜索框代码的下方添加下列代码，补足空白处，实现效果如图 5-11 所示的表格头部，“编号”和“类型”栏文字左侧都有排序规则图标。

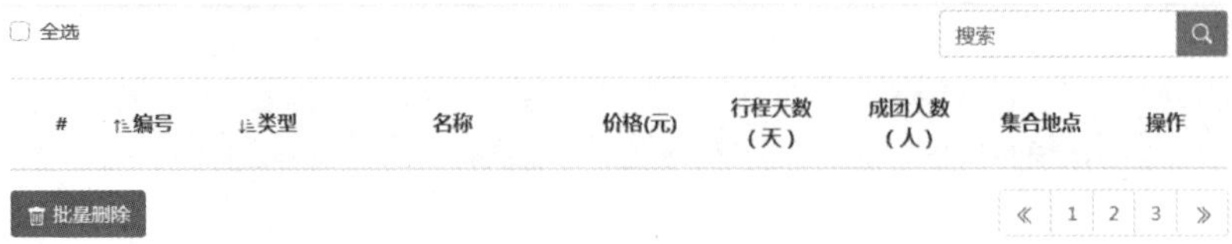

图 5-11　表格头部

```
<!--中部，数据表格-->
<table class="____(1)____ text-center">
    <!--表头-->
    <thead class="bg-light">
        <tr>
            <th scope="col" class="____(2)____"></th>
            <th scope="col" class="    (3)    ">#</th>
            <th scope="col" class="____(4)____ ____(5)____" style="min-width:100px">编号</th>
            <th scope="col" class="____(6)____ ____(7)____" style="min-width:100px">类型</th>
            <th scope="col" class="________(8)________" style="min-width:200px">名称</th>
            <th scope="col" class="____(9)____" style="min-width:100px">价格(元)</th>
            <th scope="col" class="____(10)____" style="min-width:100px">行程天数（天）</th>
            <th scope="col" class="____(11)____" style="min-width:100px">成团人数（人）</th>
            <th scope="col" class="____(12)____" style="min-width:100px">集合地点</th>
            <th scope="col" class="____(13)____" style="min-width:100px">操作</th>
        </tr>
    </thead>
</table>
```

在表格中添加数据行代码如下，执行效果如图 5-12 所示。

```
<tbody>
    <!--数据行-->
```

```
    <tr>
        <td class="align-middle"><input type="checkbox"></td>
        <td class="align-middle">1</td>
        <td class="align-middle">N045</td>
        <td class="align-middle">召集令</td>
        <td class="align-middle">青海湖-互助北山-5天4晚</td>
        <td class="align-middle">4800</td>
        <td class="align-middle">5</td>
        <td class="align-middle">8</td>
        <td class="align-middle">西宁</td>
        <td class="align-middle">
            <big class="mr-3">
                <a title="修改" class="text-warning bi-wrench"></a>
            </big>
            <big>
                <a title="删除" class="text-danger bi-trash-fill"></a>
            </big>
        </td>
    </tr>
</tbody>
```

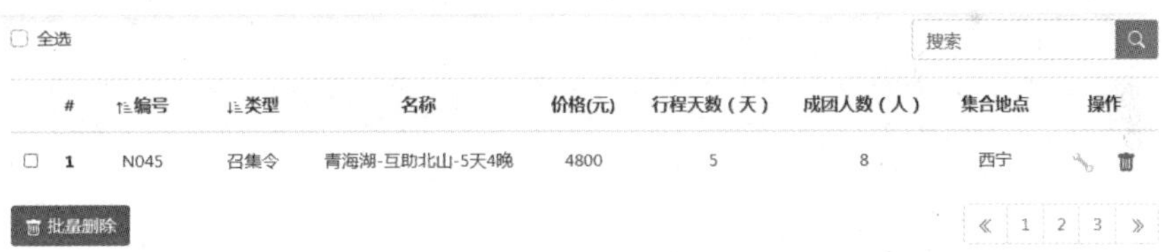

图 5-12　添加表格后的效果

为了防止在较小的屏幕展示时，列宽度被压缩，表头单元格都设置了最小宽度。当在设备视口宽度不足时，会出现如图 5-13 所示情况，表格右侧与页眉和页脚的右侧不能保持对齐，影响页面整体显示效果。

图 5-13　设备视口宽度不足时表格的显示效果

我们可以通过设置响应式表格来解决这一问题，在内容部分包裹元素上添加响应式表格类，完成高保真图（屏幕宽度较小）的效果。代码如下：

```
<!--内容部分-->
<div class="flex-grow-1 pl-4 pt-3 ________(14)________">
```

5.2.4　步骤4：实现删除确认

资　料	章　节	引导问题
高保真图	“线路维护”页面—单击删除	（1）高保真图的效果可以用哪种组件实现？
模态框	2.4.15	（2）模态框元素结构是怎样的？ （3）如何建立模态框内容元素与触发元素的对应关系？ （4）通过将触发元素的data-toggle属性值设置为（　　），可以激活模态框。

我们在这一步骤中实现单击“删除”图标弹出模态对话框，请用户确认的功能。效果如高保真图所示。

在页面中添加模态框，模态框是相对视口定位的，通过id选择器与触发按钮建立对应关系，模态框代码在<body>中任何位置都有效。我们在页脚<footer></footer>后添加模态框代码如下所示，并补足空白处。

```
<!-- 删除确认模态框，设置淡入淡出动画-->
<div class="________(1)________" id="delWarning">
    <!-- 模态对话框，最大宽度300px-->
    <div class="____________(2)____________">
        <!-- 模态框内容-->
        <div class="________(3)________">
            <!-- 模态框体，文字加粗-->
            <div class="______(4)______ text-center ______(5)______" style="font-size: 20px;">
                删除选中的线路
            </div>
            <!-- 模态框脚部-->
            <div class="______(6)______">
                <button type="button" class="btn btn-secondary" data-dismiss="modal">关闭</button>
                <button type="button" class="btn btn-danger">确定</button>
```

```
                </div>
            </div>
        </div>
</div>
```

“删除”图标是触发弹出模态框的元素，需要为它添加 data-toggle 属性，实现单击“删除”图标时，弹出如高保真图所示的模态对话框。代码如下：

```
<a title="删除" class="text-danger bi-trash-fill" data-toggle=
"______(7)______" data-target="_________(8)_________"></a>
```

5.3　任务 3：“定制线路”页面实现

任务目标	根据“定制线路”高保真图实现页面		
任务难度	★★★★		
实施过程：			
步骤序号	内容	出现问题	解决方案
1	实现“基本信息”内容窗第一行控件		
2	实现“基本信息”内容窗第二行		
3	实现添加“行程”内容窗		
4	实现添加“团费”内容窗		
5	实现上传“图片”内容窗		
开始时间		结束时间	
完成人		完成情况	

5.3.1　步骤 1：实现“基本信息”内容窗第一行控件

资　料	章　节	引导问题
高保真图	“定制线路”页面“基本信息”内容窗（大屏及以上） “定制线路”页面“基本信息”内容窗（中屏及以下	（1）如何设计实现高保真图效果的响应式布局？
表单	2.4.10	（2）Bootstrap 如何设置表单控件组？ （3）如何设置行内显示控件？

项目 routes 目录下添加 addRoute.html 文件，将 showRoutes.html 的页眉、页脚、侧边栏导航部分复制粘贴到新文件中。添加“定制线路”文件后的目录结构如图 5-14 所示。

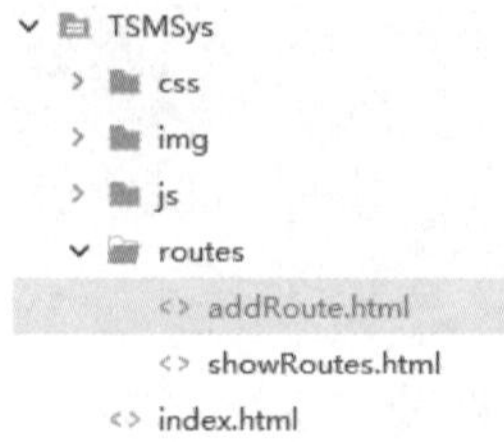

图5-14　添加“定制线路”文件后的目录结构

从高保真图中分析用户的需求是分步骤完成新“线路”相关信息的填写，然后提交。用“选项卡”式导航来组织填写步骤。在“addRoute.html”中添加以下代码，并补足空白处，效果如图5-15所示。

```
<!--内容部分-->
<div class="flex-grow-1 mt-4">
    <div class="ml-4">
        <ul class="nav nav-tabs">
            <!--选项卡导航条目-->
            <li class="nav-item">
                <a class="nav-link active" href="#info"  data-toggle="tab">
                    <h6>基本信息</h6>
                </a>
            </li>
            <li class="nav-item">
                <a class="nav-link" href="#scheduling"data-toggle="tab">
                    <h6>行程</h6>
                </a>
            </li>
            <li class="nav-item">
                <a class="nav-link" href="#pricePane" data-toggle="tab">
                    <h6>团费</h6>
                </a>
            </li>
            <li class="nav-item">
                <a class="nav-link" href="#imgPane" data-toggle="tab">
                    <h6>图片</h6>
                </a>
```

```
            </li>
        </ul>
        <!--选项卡内容-->
        <div class="tab-content border border-top-0 p-2">
            <!--"基本信息"选项内容-->
            <div class="tab-pane fade show active" id="info">
                <form class="p-3">
                    <!--表单组-->
                    <div class="_____(1)_____">
                        <label for="title">名称
                        <span class="text-danger ml-1">*</span>
                        </label>
                        <!--为文本类型控件添加样式-->
                        <input type="text" class="_____(2)_____"
id="title" placeholder="不超过20个字">
                    </div>
                    <div class="_____(3)_____">
                        <label for="routeType">线路类型
                        <span class="text-danger ml-1">*</span>
                        </label>
                        <!--列表菜单也是文本类型控件-->
                        <select name="" id="routeType" class=
"_____(4)_____">
                            <option value="">选择类型</option>
                            <option value="">召集令</option>
                            <option value="">私人定制</option>
                        </select>
                    </div>
                </form>
            </div>
        </div>
    </div>
</div>
```

“线路维护”高保真图的需求是在大屏及以上设备上这两个控件应该呈水平布局。我们采用表单网格系统，实现响应式的布局，并添加行程天数、成团人数两个Number类型的控件，实现高保真图所示的效果。Number类型的控件也属于文本类型控件，使用“.form-control”类设置控件样式。

图 5-15 “基本信息”内容窗的效果

```
<form class="p-3">
    <!--表单第一行，采用表单网格系统实现响应式布局-->
    <div class="______(5)______">
        <!--大屏及以上设备，名称表单组占6列-->
        <div class="form-group ______(6)______">
            <label for="title">名称
                <span class="text-danger ml-1">*</span>
            </label>
            <!--为文本类型控件添加样式-->
            <input type="text" class="form-control" id="title" placeholder="不超过20个字">
        </div>
        <!--大屏及以上设备，线路类型表单组占2列-->
        <div class="form-group ______(7)______">
            <label for="routeType">线路类型
                <span class="text-danger ml-1">*</span>
            </label>
            <!--列表菜单也是文本类型控件-->
                <select name="" id="routeType" class="form-control">
                <option value="">选择类型</option>
                <option value="">召集令</option>
                <option value="">私人定制</option>
            </select>
        </div>
        <!--大屏及以上设备，行程天数表单组占2列-->
        <div class="form-group ______(8)______">
            <label for="days">行程天数
                <span class="text-danger ml-1">*</span>
            </label>
```

```
                <input type="number" class="form-control" id="days">
            </div>
            <!--大屏及以上设备，成团人数表单组占 2 列-->
            <div class="form-group ______(9)______">
                <label for="groupSize">成团人数
                    <span class="text-danger ml-1">*</span>
                </label>
                 <input type="number" class="form-control" id="groupSize">
            </div>
        </div>
</form>
```

5.3.2　步骤 2：实现“基本信息”内容窗第二行控件

资　料	章　节	引导问题
表单	2.4.10	默认情况下，复选框、单选钮.form-check 表单组是垂直布局的，如何设置一组复选框表单组呈行内布局？

在上一步添加的第一行表单组后面添加第二行的“集合地点”和“交通方式”表单组，代码如下，补足空白处，为复选框设置样式。

```
<!--表单第二行-->
<div class="form-row">
    <div class="form-group col-lg-6">
        <label for="inputProvince">
            集合地点<span class="text-danger ml-1">*</span>
        </label>
        <select name="" id="inputProvince" class="form-control">
            <option value="">省</option>
            <option value="">安徽</option>
        </select>
        <select id="inputCity" class="form-control">
            <option value="">市</option>
            <option value=""></option>
        </select>
    </div>
    <div class="form-group col-lg-6">
```

```
        <label>
            交通方式 <span class="text-danger ml-1">*</span>
        </label>
        <div>
            <!--复选框表单组-->
            <div class="______(1)______">
                <input class="______(2)______" type="checkbox"  id="airplane"  value="airplane">
                <label class="______(3)______" for="airplane">飞机</label>
            </div>
            <!--复选框表单组-->
            <div class="______(4)______">
                <input class="______(5)______" type="checkbox"  id="automobile"  value="automobile">
                <label class="______(6)______" for="automobile">汽车</label>
            </div>
        </div>
    </div>
</div>
```

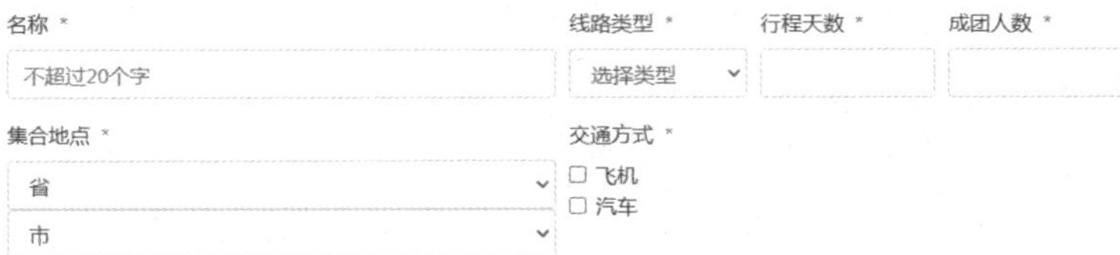

图5-16　添加第二行控件后表单效果

从图5-16中可以看到，集合地点“省”“市”两个列表菜单呈垂直布局，在高保真图中它们应该是水平布局的。接下来，通过给两个列表菜单添加包裹元素，并设置为弹性盒，完成“省”“市”两个列表菜单水平布局。代码如下：

```
<div class="form-group col-lg-6">
    <label for="inputProvince">
        集合地点<span class="text-danger ml-1">*</span>
    </label>
    <!--设置为弹性盒，两端对齐-->
    <div class="________(7)________">
        <select id="inputProvince" class="form-control mr-1">
            <option value="">省</option>
```

```
                <option value="">安徽</option>
            </select>
            <select id="inputCity" class="form-control">
                <option value="">市</option>
                <option value=""></option>
            </select>
        </div>
</div>
```

交通方式选择是一组复选框，补足下列代码空白处，使交通方式选项复选框组呈行内水平布局，如图5-17所示。

```
<div class="form-group col-lg-6">
    <label>
        交通方式<span class="text-danger ml-1">*</span>
    </label>
    <div class="pt-1 pl-2">
        <!--设置为行内表单组-->
        <div class="form-check ________(8)________">
            <input class="form-check-input" type="checkbox" id="airplane" value="airplane">
            <label class="form-check-label" for="airplane">飞机</label>
        </div>
        <!--设置为行内表单组-->
        <div class="form-check ________(9)________">
            <input class="form-check-input" type="checkbox" id="automobile" value="automobile">
            <label class="form-check-label" for="automobile">汽车</label>
        </div>
    </div>
</div>
```

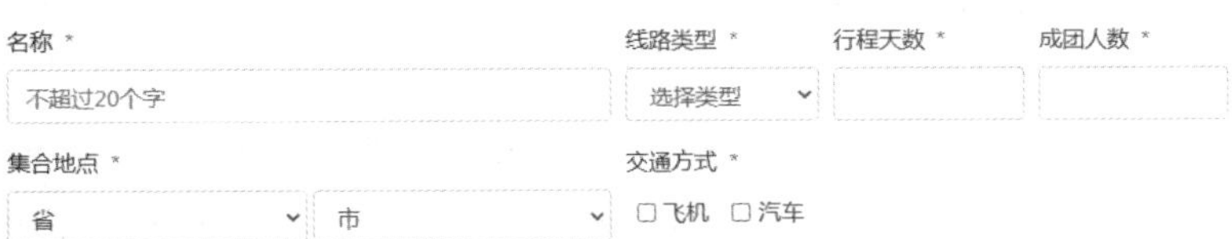

图5-17　改进后的表单第二行效果

第三行和“下一步”按钮代码如下，补足空白处，实现如高保真图所示效果。

```
<!--表单第三行-->
<div class="____(10)____">
    <div class="________(11)________">
        <label for="priceStatement">价格说明
            <span class="text-danger ml-1">*</span>
        </label>
        <textarea class="_____(12)_____" id="priceStatement" style="height:100px"></textarea>
    </div>
    <div class="________(13)________">
        <label for="tips">提示
            <span class="text-danger ml-1">*</span>
        </label>
        <textarea class="____(14)____" id="tips" style="height:100px" placeholder="不超过50字"></textarea>
    </div>
</div>
```

“下一步”按钮是为激活下一个选项卡内容窗而设置的，与表单数据没有直接关系，我们将“下一步”按钮放在表单外面。

```
</form>
<div class="ml-3 mb-3">
    <button type="button" class="btn btn-success" id="next1">下一步</button>
</div>
```

5.3.3 步骤3：实现添加“行程”内容窗

资　料	章　节	引导问题
高保真图	“定制线路”页面“行程”内容窗	比较不同视口下的差异
卡片	2.4.6	多个组件如何组合使用
折叠面板	2.4.8	
表单	2.4.10	

完成这一步骤所需的知识点，在前面的任务中都有过针对性的训练，这一步骤的挑战来自如何灵活地选取组件并组合使用。

“日程”内容窗中，每一天的日程用卡片来组织。在 addRoute.html 中添加下列代码，补足空白处，实现如图 5-18 所示的效果。

```
<!--"行程"选项内容窗-->
<div class="tab-pane fade" id="scheduling">
<form class="p-3">
    <!--卡片组件-->
    <div class="____(1)____ mb-2">
        <!--卡片头，设置背景和文字的颜色，并设置图标-->
        <h6 class="____________(2)____________" >
            第1天
        </h6>
        <div class="____(3)____">
            日程
        </div>
    </div>
</form>
</div>
```

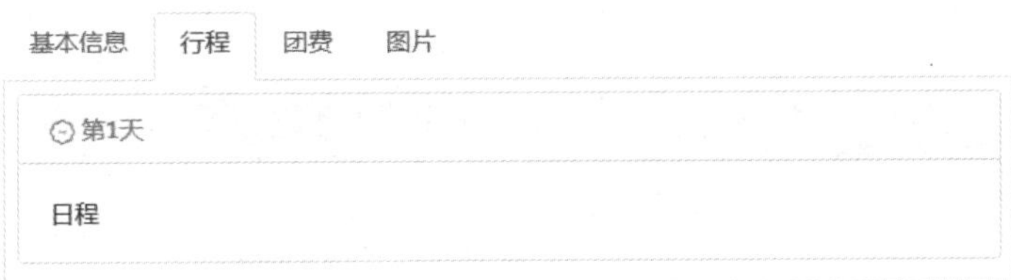

图 5-18　“行程”内容窗效果

在卡片体日程部分，添加表单控件，并设置响应式布局，实现在大屏及以上设备上，“日程”和“目标鸟种”水平布局。补足下列代码的空白处，尝试分别采用栅格系统或者弹性盒来完成响应式布局，效果如图 5-19 所示。

```
<div class="card-body">
    <div class="______(4)______">
        <div class="__________(5)__________">
            <label for="scheduling1">日程
                <span class="text-danger ml-1">*</span>
            </label>
            <textarea class="______(6)______" placeholder="不超过200字"  id="scheduling1" style="height:100px"  ></textarea>
        </div>
        <div class="__________(7)__________">
                <label for=" birds1">目标鸟种</label>
            <textarea class="______(8)______" placeholder="不超过50
```

```
字" id="birds1" style="height:100px" ></textarea>
            </div>
        </div>
</div>
```

图 5-19 “行程”内容窗中屏及以上设备显示效果

在整个行程天数较多时，如果每一天的行程编辑部分都是展开的，那么管理员需要利用滚屏来添加行程。我们将每一天的日程编辑部分设计为折叠面板，来提高操作效率。补足下列代码空白处，完成单击“第 1 天”编辑部分在“折叠”和“展开”状态之间切换。

```
<!--卡片组件-->
<div class="card mb-2">
    <!--卡片头，设置背景和文字的颜色，并设置图标，设置折叠面板触发元素-->
    <h6 class="card-header bg-light text-info bi-patch-minus"
__________(9)__________>
        第1天
    </h6>
    <!--折叠面板，默认展开，添加淡入淡出动画-->
    <div class="__________(10)__________" id="day1">
        <div class="card-body">
            <div class="form-row">
                <div class="form-group col-lg-6">
                    <label for="scheduling1">日程
                        <span class="text-danger ml-1">*</span>
                    </label>
                        <textarea class="form-control" id=
"scheduling1" style="height:100px" placeholder="不超过200字"></textarea>
                </div>
                <div class="form-group col-lg-6">
                    <label for=" birds1">目标鸟种</label>
                    <textarea class="form-control" id="birds1"
```

```
style= "height:100px" placeholder="不超过50字"></textarea>
221.                    </div>
222.                </div>
223.            </div>
224.        </div>
225.    </div>
```

注意：不要在“.card-body”上直接应用“.collapse”，否则效果卡顿不流畅。为“card-body”添加包裹层，在包裹元素上应用“.collapse”。

自行添加“行程”内容窗中的“下一步”按钮。后续代码中的行号是已添加了“下一步”按钮后的行号计数。

5.3.4　步骤4：实现添加“团费”内容窗

资　料	章　节	引导问题
高保真图	“定制线路”页面“团费”内容窗	
按钮组	2.4.5	（1）按钮组元素结构是怎样的？
表单	2.4.10	（2）不带标记的复选框样式如何设置？
表格	2.3.2	（3）设置表格无边框的类是（　　） （4）使表格呈现效果更紧凑的类是（　　）

这一步骤中，我们使用按钮组实现高保真图中“全选框”“批量删除”“撤销删除”“添加团次”操作区。添加“团费”选项内容窗，补足下列代码空白处，实现如图 5-20 所示的效果。

```
231. <!--"团费"内容窗-->
232. <div class="tab-pane fade" id="pricePane">
233.     <!--按钮组-->
234.     <div class="________(1)________ bg-light mb-3 ml-3 font-weight-bolder">
235.         <button class="btn border">
236.             <!--不带标记的复选框-->
237.             <div class="______(2)______">
238.                 <input class="________(3)________" type="checkbox">
239.             </div>
240.         </button>
241.         <button type="button" title="批量删除" class="btn border
```

```
text-danger bi-trash-fill"></button>
            <button type="button" title="撤销删除" class="btn border text-success bi-reply-fill"></button>
            <button type="button" title="添加团次" class="btn border text-info bi-calendar-plus-fill"></button>
        </div>
</div>
```

图 5-20　操作按钮组显示效果

表单中添加管理员输入团费和出团日期的控件，用表格组织，代码如下：

```
<!--输入团费和出团日期的交互控件-->
<form>
    <!--无边框、效果紧凑的表格-->
    <table class="__________(4)__________ text-center" style="max-width:400px">
        <thead>
            <th></th>
            <th>团费(元)</th>
            <th>出团日期</th>
        </thead>
        <tbody>
            <tr>
                <td class="align-middle">
                    <input class="ml-2" type="checkbox">
                </td>
                <td><input type="text" class="form-control mx-auto" style="max-width:100px;"></td>
                <td><input type="date" class="form-control mx-auto" style="max-width:220px;"></td>
            </tr>
            <tr>
                <td class="align-middle">
                    <input class="ml-2" type="checkbox">
                </td>
```

```
                    <td><input type="text" class="form-control mx-auto" style="max-width:100px;"></td>
                    <td><input type="date" class="form-control mx-auto" style="max-width:220px;"></td>
                </tr>
            </tbody>
        </table>
</form>
```

自行添加“团费”内容窗中的“下一步”按钮，完成如高保真图所示的效果。

5.3.5　步骤5：实现上传“图片”内容窗

资　料	章　节	引导问题
表单	2.4.10	（1）文件浏览控件表单组元素结构是怎样的？ （2）设置文件浏览控件按钮文字的属性是（　　）。

“图片”选项内容窗中是一个文件浏览控件，用于上传图片。在 addRoute.html 文件中添加下列代码，并补足空白处，实现高保真图效果。

```
<!--"图片"选项内容窗-->
<div class="tab-pane fade" id="imgPane">
    <form class="p-3">
        <!--文件浏览控件表单组-->
        <div class="______(1)______" style="max-width:400px">
            <input type="file" class="______(2)______" id="uploadFile">
            <label class="______(3)______" for="uploadFile" ______(4)______="选择图片"></label>
        </div>
    </form>
    <div class="ml-3 mb-3">
        <button type="button" class="btn btn-success" id="submit">提交</button>
    </div>
</div>
```

任 务 延 展

1. 仿照“线路维护”页面，实现“酒店维护”页面，酒店信息表包括序号、编号、酒店名称、地址、联系电话、操作等，可自行设计表格显示效果。

2. 单击上一题中实现的“酒店维护”页面中的修改图标，弹出修改指定酒店信息的模态框，模态框中含有用户修改相关信息的表单控件，自行设计模态框显示效果。

本章高保真图

1. “线路维护”页面

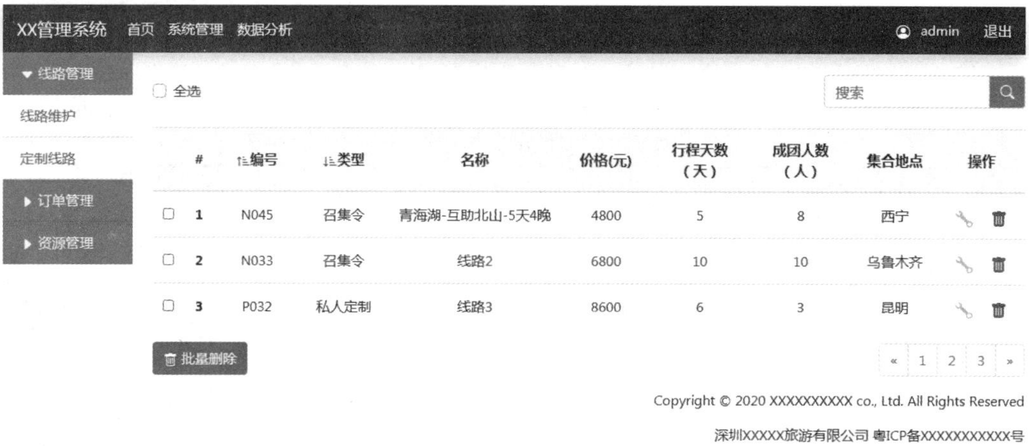

2. “线路维护”页面——屏幕宽度较小

3. “线路维护”页面——单击删除

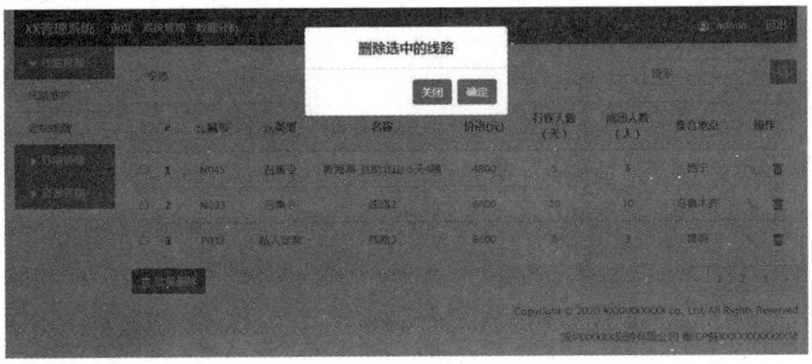

4. “定制线路”页面“基本信息”内容窗（大屏及以上）

5. “定制线路”页面“基本信息”内容窗（中屏及以下）

6．“定制线路”页面“行程”内容窗

7．“定制线路”页面“团费”内容窗

8．“定制线路”页面“图片”内容窗

模块 3

jQuery 交互效果优化

工作领域

前端交互优化。

基础要求

（1）熟练掌握 JavaScript 基本语法。

（2）熟练掌握 JavaScript 内置函数的使用。

（3）熟练掌握 JavaScript 操作 DOM。

（4）熟练掌握 JavaScript 事件处理。

（5）理解事件传递机制。

（6）理解事件委派。

（7）理解链式调用。

能力目标

（1）熟记 jQuery 常用术语，能够快速查阅资料。

（2）能够根据项目需求，选用适当的 jQuery 选择器。

（3）能够使用基于 jQuery 的 Bootstrap4 组件 API 完成业务 JavaScript 前端行为。

（4）能够使用 jQuery 完成前端业务逻辑的设计与实现。

（5）能够使用 jQuery 完成自定义动画的设计与实现。

（6）熟练使用调试工具，快速定位并解决 JS 及 jQuery 编程中出现的问题。

1+X 证书知识点（中级）

Bootstrap 常用组件：弹出框 API、折叠面板 API、选项卡 API、表单验证、警告框及其 API。

1+X 证书知识点（初级）

jQuery 选择器、jQuery 操作 DOM、jQuery 事件处理、jQuery 动画。

第 6 章　导航的完善与优化

6.1　任务 1：用户界面导航栏“联系我们”处弹出二维码

任务目标	光标悬浮在页眉导航栏“联系我们”上时，按照高保真图的效果要求，弹出含有联系信息的二维码		
任务难度	★★		
实施过程：			
步骤序号	内容	出现问题	解决方案
1	jQuery 编程起步		
2	为“联系我们”添加二维码图片弹出框		
开始时间		结束时间	
完成人		完成情况	

6.1.1　步骤 1：jQuery 编程起步

资　料	章　节	引导问题
jQuery 核心方法	3.1	（1）如何将 document 对象转换为相应的 jQuery 对象？
事件处理方法	3.4.2	（2）文档就绪事件是什么？

在项目 tourSite 下 js 目录中添加 tourSite.menu.js 文件，目录结构如图 6-1 所示。

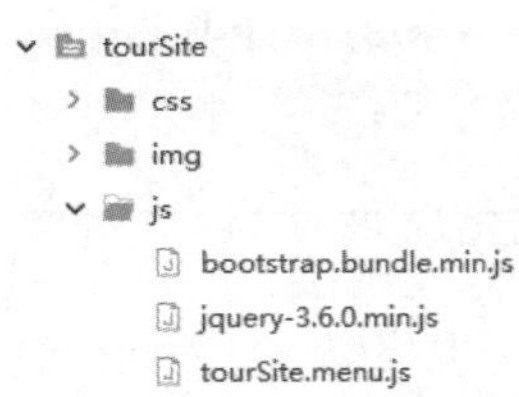

图 6-1　向项目中添加 tourSite.menu.js 文件

向“tourSite.menu.js”中添加下列代码：

```
//文档就绪时运行
jQuery(document).ready(function() {
```

```
3.     console.log('文档就绪时运行');
4. })
```

上述代码中第2行中的“jQuery(documnt)”可以将document对象转换为jQuery对象，然后调用jQuery的“文档就绪事件”处理方法ready()，ready()方法的参数是一个匿名函数，在事件发生时执行。

在tourSite/index.html文件中添加“tourSite.menu.js”的引用，行号可能会因为代码中是否添加注释、图文单元的数量不同等原因而不同，总之，一定要在jQuery和Bootsrap的js库后引用新添加的tourSite.menu.js文件。

```
213. <!--引入jQuery库文件-->
214. <script src="/tourSite/js/jquery-3.6.0.min.js"></script>
215. <!--引入Bootstrap js库文件-->
216. <script src="/tourSite/js/bootstrap.bundle.min.js"></script>
217. <!--引入客户界面导航功能js文件-->
218. <script src="/tourSite/js/tourSite.menu.js"></script>
```

运行index.html，在浏览器调试环境下的console中，看到如图6-2所示的结果，说明在“tourSite.menu.js”中编写的代码正常运行了。

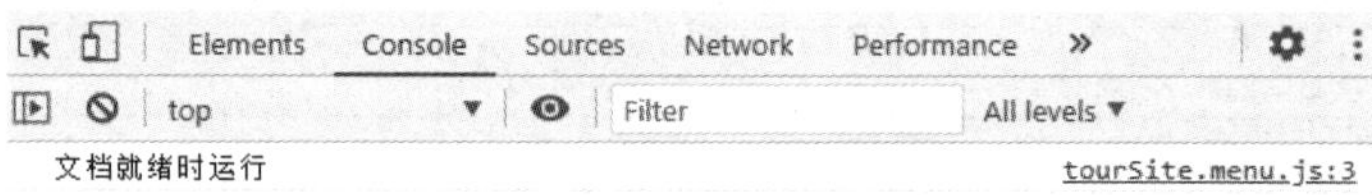

图 6-2　控制台中的输出

可以将jQuery(document).ready简写为“$”，简写后的代码如下。

```
1. //文档就绪时运行
2. $(function() {
3.     console.log('文档就绪时运行');
4. })
```

6.1.2　步骤2：为“联系我们”添加二维码图片弹出框

资　料	章　节	引导问题
高保真图	用户界面“首页”二维码联系方式	
弹出框	2.4.19	（1）JS启用弹出框方法是（　　）。 （2）设置弹出框内容、位置、触发方式的选项分别是什么？ （3）如何允许弹出框中插入HTML？
基本选择器	3.2.1	（4）id选择器如何使用？

首先为“联系我们”超链标签添加id属性，代码如下：

```
<li class="nav-item">
    <a id="contactLink" class="nav-link" href="/tourSite/contact.html">联系我们</a>
</li>
```

将“tourSite.menu.js”中向控制台中输出的语句改为通过jQuery启用弹出框组件，按照注释语句中的提示补足下列代码空白处。

```
//文档就绪时运行
$(function() {
  //使用id选择器选取"联系我们"元素，并启用弹出框
    ______(1)______.______(2)______();
})
```

此时，光标悬浮在“联系我们”超链上，并不会出现弹出框，其原因如下：

（1）既没有设置弹出框标题，也没有设置弹出框内容，至少要设置其中之一，弹出框才能显示。

（2）弹出框组件默认的触发方式是“click”，需要改变触发方式。

补足下列代码空白处，实现光标悬浮在“联系我们”超链上时，弹出如图6-3所示的弹出框。

图6-3　设置了内容和触发方式的弹出框

```
<a id="contactLink" ______(3)______="弹出内容"______(4)______="______(5)______" class="nav-link" href="/tourSite/contact.html">联系我们</a>
```

二维码是一张图片，将弹出框内容改为<img>标签，并将其出现的位置设置为超链的“下方”，补足下列代码空白处。

```
<a id="contactLink" data-content="<img src='/tourSite/img/qrcode.png'>" data-trigger="hover" ______(6)______="______(7)______" class="nav-link" href="/tourSite/contact.html">联系我们</a>
```

此时，实现效果如图6-4所示，<img>标签作为文本显示在了弹出框中，并没有显示二维码图片。

继续添加弹出框选项属性，补足下列代码中的空白处，使弹出框“接受”HTML标签，实现如图6-5所示的效果。

图6-4　设置了位置的弹出框

图6-5　弹出二维码图片

```
<a id="contactLink" data-content="<img src='/tourSite/img/qrcode.png'>" data-trigger="hover" data-placement="bottom"____(8)____="____(9)____" class="nav-link"  href="/tourSite/contact.html">联系我们</a>
```

6.2　任务 2：用户界面菜单活跃状态跟踪

<table>
<tr><td>任务目标</td><td colspan="3">根据打开的页面，动态识别用户界面页眉导航栏当前活跃导航条目</td></tr>
<tr><td>任务难度</td><td colspan="3">★★</td></tr>
<tr><td colspan="4">实施过程：</td></tr>
<tr><td>步骤序号</td><td>内容</td><td>出现问题</td><td>解决方案</td></tr>
<tr><td>1</td><td>设置导航目标</td><td></td><td></td></tr>
<tr><td>2</td><td>确定当前页面</td><td></td><td></td></tr>
<tr><td>3</td><td>动态设置相应的导航条目为“活跃”状态</td><td></td><td></td></tr>
<tr><td>开始时间</td><td></td><td>结束时间</td><td></td></tr>
<tr><td>完成人</td><td></td><td>完成情况</td><td></td></tr>
</table>

导航栏在多个页面中都需要使用，我们将在第 8 章中学习动态引用公用的导航栏，所以导航栏导航条目“活跃”状态需要根据当前引用的页面动态设置。

6.2.1　步骤1：设置导航目标

分别设置导航栏中超链的href属性，“首页”超链目标为url为index.html，国内国际线路的目标网页都为tourRoutes.html，根据参数region的值区分不同的区域。去掉所有导航条目元素的active类。补足导航栏超链href属性的值，代码如下：

```
<!--导航栏导航-->
<ul class="navbar-nav mr-auto ">
    <li class="nav-item"><a class="nav-link" href="/tourSite/index.html">首页</a></li>
    <!--导航中的下拉菜单-->
    <li class="nav-item dropdown">
<!--下拉菜单触发元素-->
        <a class="nav-link dropdown-toggle" data-toggle="dropdown" href="#">选择线路</a>
        <!--下拉菜单中的二级菜单-->
        <div class="dropdown-menu">
```

```
                <a class="dropdown-item" href="/tourSite/tourRoutes.html?region=0">国内</a>
                <a class="dropdown-item" href="/tourSite/tourRoutes.html?region=1">国际</a>
            </div>
        </li>
               <li class="nav-item"><a class="nav-link" href="/tourSite/contact.html">
联系我们</a>
</li>
</ul>
```

6.2.2　步骤2：确定当前页面

资　料	章　节	引导问题
JS字符串方法	自行查找资料	（1）将字符串分割为数组的方法是（　　）。
JS数组方法	自行查找资料	（2）返回并移除数组最后一个元素的方法是（　　）。

“$()”即“document.ready()”，可以在一个JS文件中出现多次，它们都是有效的，文档就绪时，同一层级的多个“$()”顺序执行。本教材中，我们将无相互关联的JS功能模块编写在不同的“$()”内，目的是划分变量作用域，避免变量“污染”。

在tourSite.menu.js中添加导航栏“活跃”状态追踪功能模块代码。首先获取当前打开的页面的url，代码如下：

```
//导航栏“活跃”状态跟踪
$(function() {
    //获取当前页面url
    var url=document.location.href;
    console.log(url);
})
```

控制台中的输出如图6-6所示。

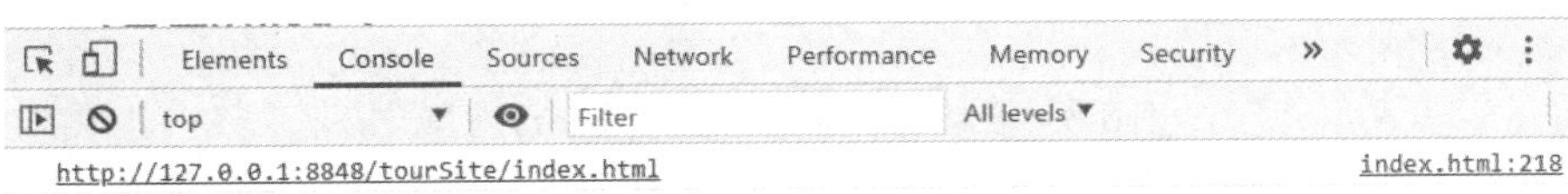

图6-6　获取页面url

url中能够明确指明打开的页面是最后一个“/”后面的部分，接下来使用JS字符串方法将字符串“分割”为数组，文件名是数组的最后一个元素。补足下列代码空白处，获取当前页面的文件名，并在控制台中输出，如图6-7所示。

```
//导航栏“活跃”状态跟踪
$(function() {
    //获取当前页面url
    var url=document.location.href;
    //获取文件名。数组分割，并获取数组最后一个元素。
    var filename=url.____(1)____('/').____(2)____();
    console.log(filename);
})
```

图6-7　获取当前页面的文件名

6.2.3　步骤3：动态设置导航条目“活跃”状态

资　料	章　节	引导问题
属性选择器	3.2.4	（1）属性选择器语法符号是什么？ （2）这一步骤中应该选择哪一种属性选择器？
遍历HTML元素	3.3.5	（3）获取指定元素的父元素的方法是（　　）。
操作DOM样式	3.3.6	（4）为指定元素添加CSS类的方法是（　　）。

以当前打开的页面为目标的导航条目，其状态应该是“活跃”的，在这一思路下，我们需要获取href属性值指向当前打开的页面的文件名的导航条目，在上一步完成的代码基础上添加下面的代码，补足空白处，并通过控制台中的输出确认获取到了正确的超链元素，如图6-8所示，确认正确后，输出语句就可以删除了。

```
//获取href属性值以指定文件名为结尾的元素
$a=$('____(1)____');
console.log($a);
```

图6-8　控制台中输出超链的jQuery对象

Bootstrap通过在导航条目元素上应用“active”类，使导航条目呈现“活跃”状态的样式效果。“首页”的“导航条目”与“导航超链”之间是“父子”关系。如下面的代码所示：

```
    <li class="nav-item"><a class="nav-link" href="/tourSite/index.html">首页</a></li>
```

补足下面代码中的空白处，获取超链元素的父元素，并通过控制台输出确认，如图 6-9 所示。

```
//获取超链元素的父元素
$navItem=$a.____(2)____();
console.log($navItem);
```

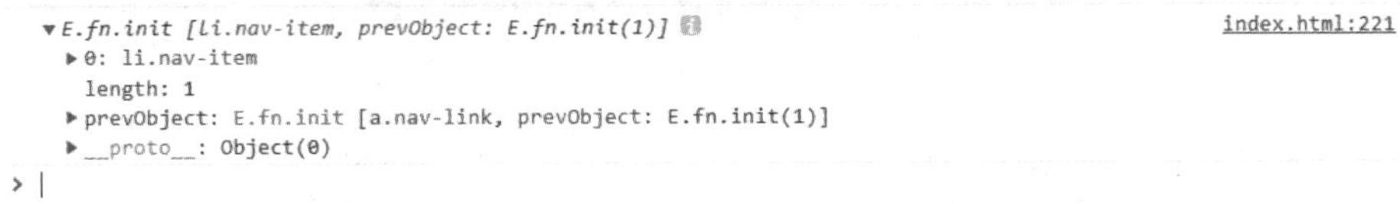

图6-9　控制台中输出“导航条目”的jQuery对象

为获取到的“导航条目”添加“active”类，使其高亮显示，呈现“活跃”状态，代码如下：

```
//获取超链元素的父元素，并为其添加active类
$navItem=$a.parent().____(3)____(____(4)____);
```

运行后结果如图6-10所示，即为“首页”导航条目设置“活跃”状态成功。

图6-10　“首页”导航条目“活跃”状态

在“tourRoutes.html”中添加对“tourSite.menu.js”的引用，运行后“选择线路”导航条目没有高亮呈现“活跃”状态，其原因是“国内”“国际”超链与其所处的“导航条目”之间不是“父子”关系，而是“祖先后代”关系，如下面的代码所示，用parent()方法是不能获取到的。

```
<!--导航中的下拉菜单-->
<li class="nav-item dropdown"><a class="nav-link dropdown-toggle" data-toggle="dropdown" href="#">选择线路</a>
    <!--下拉菜单中的二级菜单-->
    <div class="dropdown-menu">
        <a class="dropdown-item" href="/tourSite/tourRoutes.html?region=0">国内</a>
        <a class="dropdown-item" href="/tourSite/tourRoutes.html?region=1">国际</a>
    </div>
</li>
```

补足下列代码的空白处，选择正确的方法，实现在“首页”和“线路展示”页都能正确地跟踪导航条目的“活跃”状态（见图6-11）。

```
$navItem=$a.____(5)____('____(6)____').addClass('.active');
```

图6-11　“首页”导航条目“活跃”状态

6.3　任务3：管理系统“侧边栏导航”中横向展开子菜单

任务目标	单击侧边栏导航的二级菜单条目时，横向展开如高保真图所示的子菜单		
任务难度	★★★		
实施过程：			
步骤序号	内容	出现问题	解决方案
1	添加侧边栏“资源管理”导航模块		
2	横向展开的子菜单内容制作		
3	采用弹出框实现横向展开子菜单		
开始时间		结束时间	
完成人		完成情况	

6.3.1　步骤1：添加侧边栏“资源管理”导航模块

资　料	章　节	引导问题
高保真图	管理系统“侧边栏导航”的横向展开子菜单	Bootstrap中哪个组件可以实现指定效果？

首先在管理系统项目TSMSys的showRoutes.html文件中添加侧边栏导航中添加“资源管理”导航模块，代码如下：

```
<!--导航模块3-->
<div class="list-group list-group-flush">
    <div class="bg-info text-light list-group-item bi-caret-right-fill" data-toggle="collapse" data-target="#collapseRsources">
        资源管理
    </div>
```

```
    <div id="collapseRsources" class="collapse" data-parent="#sideBar">
        <div class="list-group-item">
        <a href="#">酒店管理</a>
        </div>
        <div class="list-group-item">
        <a href="#">车队管理</a>
        </div>
        <div class="list-group-item">
        <a href="#">领队管理</a>
        </div>
    </div>
</div>
```

6.3.2　步骤 2：横向展开的子菜单内容制作

创建一个临时文件“test.html”，实现横向展开的子菜单内容，如图 6-12 所示。代码如下：

```
<div class="card border-0" style="width: 18rem;">
    <div class="card-body">
        <h5 class="card-title">星级酒店</h5>
         <a href="/tourSite/admin/resources/showHotels.html" class="card-link">酒店维护</a>
        <a href="#" class="card-link">添加酒店</a>
    </div>
</div>
<div class="card border-0" style="width: 18rem;">
    <div class="card-body">
        <h5 class="card-title">民宿</h5>
        <a href="#" class="card-link">民宿维护</a>
        <a href="#" class="card-link">添加民宿</a>
    </div>'
</div>
```

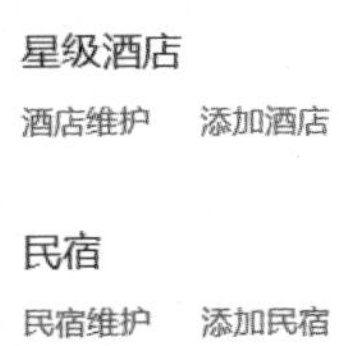

图 6-12　子菜单内容

6.3.3 步骤3：采用弹出框实现横向展开子菜单

资　料	章　节	引导问题
弹出框	2.4.19	（1）弹出框选项如何通过JS设置？
遍历DOM元素	3.3.5	（2）获取指定元素的子元素的方法是（　　）。
事件处理方法	3.4.2	（3）鼠标“单击”事件处理方法是（　　）。
JSevent对象	自行查找资料	（4）event对象的方法（　　）可以阻止事件默认动作。

在项目TSMSys的js目录下创建“TSMSys.menu.js”，并在“showRoutes.html”中引用。代码如下：

```
<!--引入Bootstrap js库文件-->
<script src="/TSMSys/js/TSMSys.menu.js"></script>
```

这一任务中我们仍然使用弹出框组件来实现横向展开的子菜单，弹出框的内容是在步骤2中实现的一段HTML标签，如果还像在6.1任务1中一样采用data-content属性来设置，会影响HTML部分的可读性，可维护性也较差。在这一任务中我们通过popover()方法的参数来设置弹出框内容。

弹出框组件设置在“酒店管理”列表条目元素上，为它设置id属性，代码如下：

```
<div class="list-group-item" id="hotelManagement">
    <a href="#">酒店管理</a>
</div>
```

在“TSMSys.menu.js”中添加下列代码，补足空白处，实现横向展开的子菜单效果。

```
//实现横向展开子菜单
$(function() {
  var contentHtml='<div class="card border-0" style="width: 18rem;">'
      +'<div class="card-body">'
      +'<h5 class="card-title">星级酒店</h5>'
      +'<a href="/tourSite/admin/resources/showHotels.html" class="card-link">酒店维护</a>'
      +'<a href="#" class="card-link">添加酒店</a>'
      +'</div>'
      +'</div>'
       +'<div class="card border-0" style="width: 18rem;">'
       +'<div class="card-body">'
       +'<h5 class="card-title">民宿</h5>'
```

```
13.        +'<a href="#" class="card-link">民宿维护</a>'
14.        +'<a href="#" class="card-link">添加民宿</a>'
15.        +'</div>'
16.        +'</div>'; //将模板HTML改写成字符串
17.    $('#hotelManagement').popover({
18.        ____(1)____: contentHtml, //设置弹出框内容
19.        ____(2)____: '____(3)____',  //弹出框位置在右侧
20.        ____(4)____: true  //允许向弹出框中插入HTML
21.        })
22. })
23.
```

至此实现了横向展开的子菜单，但是我们观察浏览器url栏中显示如图6-13所示的地址，这是单击“酒店管理”超链发生跳转导致的。

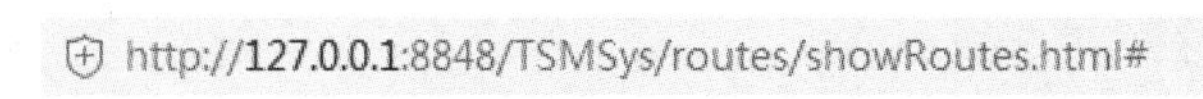

图6-13　url地址

为了保持样式的一致性，我们仍然要需要使用超链标签，那么就要阻止“单击”超链跳转即超链元素在“click”事件发生时的默认动作。在“TSMSys.menu.js”中添加下列代码，补足空白处，实现单击“酒店管理”超链时不发生跳转至目标的动作。

```
22. //获取div#hotelManagement的子元素,阻止其"click"事件发生时的默认动作
23. $('#hotelManagement'). ____(5)____(). ____(6)____(function(e) {
24.         e. ____(7)____();
25.     }
26. );
```

第17行和第23行通过id选择器获取的是相同的元素，可以使用链式调用将第23行的方法链在第21行后面。

6.4　任务4：管理系统侧边导航栏活跃状态跟踪

任务目标	（1）动态识别打开的页面，并使其所属的侧边栏导航子模块内容呈现展开的状态；其他非活跃状态的导航子模块内容折叠。 （2）展开的侧边栏导航子模块图标为向下的箭头；折叠的导航子模块图标为向右的箭头。
任务难度	★★★★
实施过程：	

（续表）

步骤序号	内容	出现问题	解决方案
1	获取当前打开的文件所在的子目录		
2	设置活跃状态的侧边栏导航子模块为“展开”		
3	网页加载时动态设置导航子模块图标		
4	用户展开导航子模块时切换图标		
开始时间		结束时间	
完成人		完成情况	

6.4.1 步骤1：获取当前打开的文件所在的子目录

资料	章节	引导问题
JS数组方法	自行查找资料	获取元素在数组中下标的方法是（ ）。

在项目TSMSys下添加resources目录，在resources目录下新建文件“showHotels. html”，页面内容仿照“showRoutes.html”实现，目的是检验是否能正确跟踪“侧边栏导航”活跃状态。项目目录结构如图6-14所示。

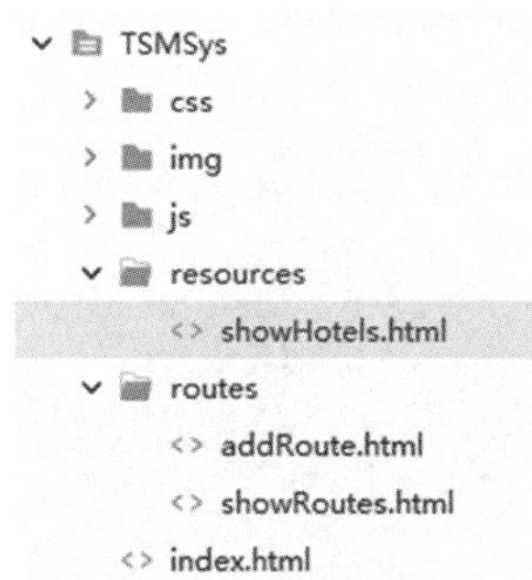

图6-14 项目目录结构

将所有页面中的侧边栏导航列表组条目的图标都设置为“bi-caret-right-fill”，卡片内容初始状态都设置为“折叠”状态。效果见本章高保真图管理系统“酒店维护”页面。侧边栏每个导航模块的列表组中都包含有多个链接，同一列表组中的多个链接的目标地址为当前打开的页面时，这个“列表组”都应该“展开”表现为“活跃”状态。

项目中将属于同一子模块的HTML文件组织在相同的子目录下。首先从当前打开的页面的url中将代表子目录的部分路径提取出来，子目录名在url中跟在项目名称TSMSys之后。代码如下：

```
//侧边导航栏"活跃"模块跟踪
$(function() {
    //获取当前页面url
    var url = document.location.href;
    //分割字符串
    var array = url.split('/');
```

```
    //获取"TSMSys"在数组中的下标
    var index = array.______(1)______('TSMSys');
    //获取子目录名称
     var navName = array[index+1];
     console.log(navName);
})
//实现横向展开子菜单
```

分别打开“routes/showRoutes.html”和“resources/showHotels.html”，在控制台中查看输出结果如图6-15、图6-16所示。

```
routes                                              showRoutes.html:210
```

图6-15　打开“showRoutes.html”时控制台中的输出

```
resources                                           showHotels.html:199
```

图6-16　打开“showHotels.html”时控制台中的输出

说明通过以上代码可以提取当前打开的页面所在的子目录名字。

6.4.2　步骤2：设置活跃状态的侧边栏导航子模块为“展开”

资　料	章　节	引导问题
遍历HTML元素	3.3.5	（1）如何在获取子元素时加过滤条件？ （2）获取指定元素的前兄弟元素的方法是（　　）。

为每个HTML页面中“侧边栏”导航的每个模块的“列表组”包裹元素设置id属性，属性值与项目中子目录名相同，代码如下所示，建立每个导航模块的“列表组”与项目中功能模块子目录的关联关系。

```
<!--在折叠面板上结合使用列表组外观样式，导航模块1-->
<div class="list-group list-group-flush" id="routes">
<!--导航模块2-->
<div class="list-group list-group-flush" id="orders">
<!--导航模块3-->
<div class="list-group list-group-flush" id="resources">
```

在“TSMsys.menu.js”中添加下列代码并补足空白处，展开当前活跃的导航子模块。

```
//获取子目录名称
var navName = array[index + 1];
//生成id选择器
```

```
var idSelector = '#' + navName;
//为指定元素中"折叠面板内容"子元素设置为"展开"状态
$(idSelector).____(1)____(____(2)____).addClass(____(3)____);
```

完成代码编写后，打开“showRoutes.html”时，“线路管理”导航子模块应该展开，如图6-17所示。

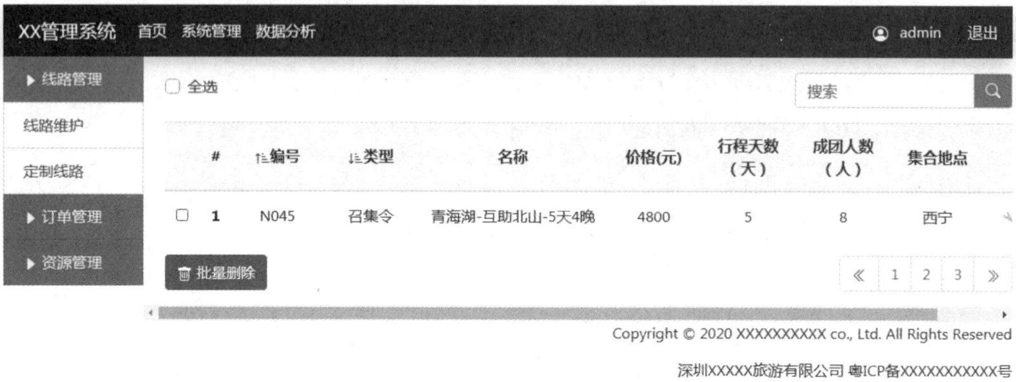

图6-17　打开“showRoutes.html”时侧边栏导航效果

打开“showHotels.html”，效果如图6-18所示。

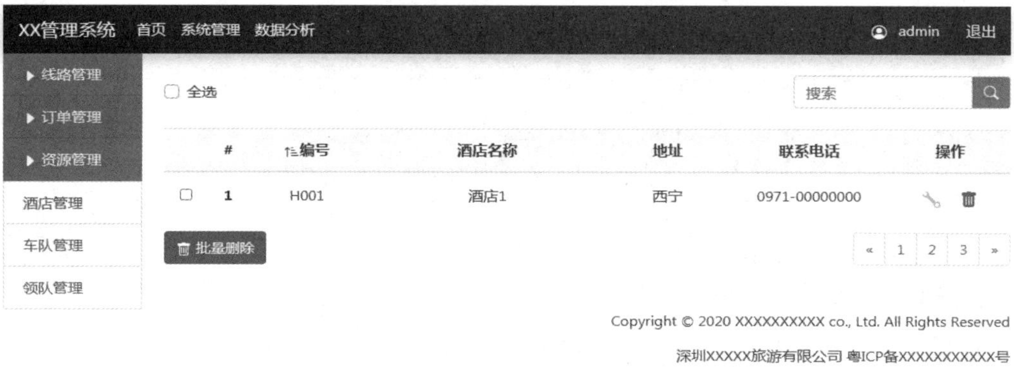

图6-18　打开“showHotels.html”时侧边栏导航效果

6.4.3　步骤3：网页加载时动态设置“活跃”导航子模块图标

资　料	章　节	引导问题
遍历HTML元素	3.3.5	（1）获取指定元素的前兄弟元素的方法是（　　）。
操作DOM样式	3.3.6	（2）删除类的方法是（　　）。
折叠面板API	2.4.8.2	（3）怎样使用折叠面板提供的接口方法展开内容？

步骤2第14行代码“$(idSelector).children('.collapse')”获取到了当前活跃的导航子模块的折叠展开内容元素，需要设置图标的元素是它的“前兄弟”元素。在第14行后面继续链式调用水平遍历方法获取其“前兄弟”元素，删除默认的向右箭头图标类，添加向下箭头图标类。补足下列代码空白处，完成当网页加载时，展开的导航模块的图标是向下的箭头，其他导航模块的图标是向右的箭头。补足下列代码空白处，完成如图6-19、图6-20所示的效果。

```
13. //将指定元素中的折叠面板内容的子元素设置为"展开"，并设置图标为向下的箭头
14. $(idSelector).children('.collapse').addClass('show'). ____(1)____().
____(2)____ ('bi-caret-right-fill').addClass('bi-caret-down-fill');
```

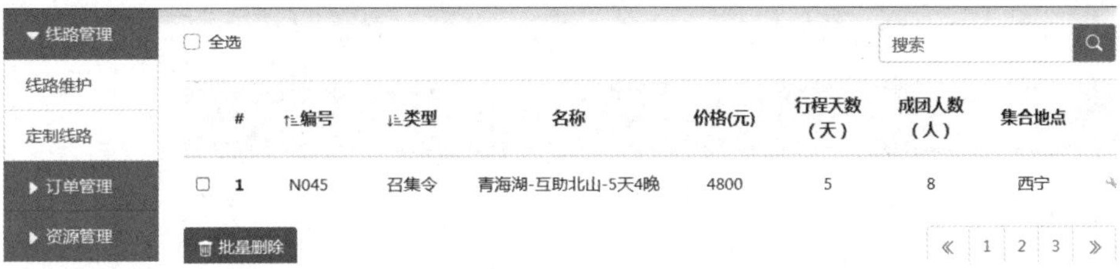

图6-19　打开showRoutes页面时侧边栏导航图标效果

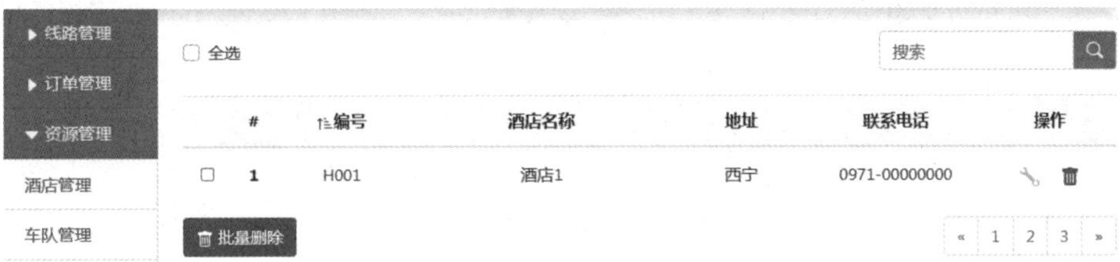

图6-20　打开showHotels页面时侧边栏导航图标效果

利用折叠面板提供的接口方法collaspe('show')也可以展开内容，尝试自行实现并比较与上述方法的区别。

6.4.4　步骤4：用户切换导航子模块时切换图标

资　料	章　节	引导问题
事件管理方法	3.4.1	（1）为指定元素绑定事件和处理的方法是（　　）。 （2）事件委派的优点有哪些？
操作DOM样式	3.3.6	（3）切换类的方法是（　　）。 （4）哪种参数类型支持toggleClass方法在两个类之间切换？
折叠面板API	2.4.8.2	（5）折叠面板事件有哪些？ （6）怎样为多个事件绑定相同的处理函数？

上一步骤中，完成了页面加载时，对“侧边栏”导航模块图标的控制。当用户选择

导航子模块时，图标还是不能正确切换的。例如，在“线路维护”页面中，单击展开“资源管理”导航模块，资源管理导航模块的图标没有切换，如图6-21所示。

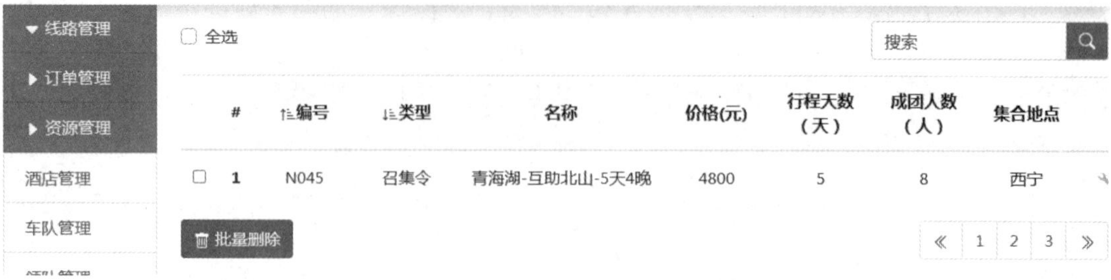

图6-21　在showRoutes页面上展开“资源管理”子模块的图标效果

解决这个问题直接的思路就是：用户单击导航子模块时，图标在向右和向下之间切换。补足下列代码空白处，观察运行效果。

```
//单击导航子模块时,切换图标
$('.collapse').on('click', function(e) {
    var $target = $(e.target);
    $target.____(1)____(____(2)____);
});
```

代码编写完毕运行后，用户选择的导航子模块图标状态正确了。但是，由于外层包裹应用了手风琴效果，同时只能有一个导航子模块是“展开”的状态。当用户选择“展开”另一个导航子模块时，原来展开的子模块将会自动折叠，“原展开”的子模块的图标没有随着模块的折叠变为“向右”的箭头。

要解决这一问题，需要使用折叠面板组件自定义的事件，思路为：发生了“折叠”事件和“展开”事件的子模块都要切换图标。改写代码实现上述思路，补足下列代码的空白处，并检验代码运行效果。

```
//发生折叠/展开事件时,切换图标
$('.collapse').on('________(3)________', function(e) {
    var $this = $(this);
     $this.prev().toggleClass(['bi-caret-right-fill','bi-caret-down-
fill']);
});
```

任 务 延 展

实现“客户界面”详情页面包屑导航的动态追踪。

提示：为项目设计合理的目录结构，不同区划的线路在不同的目录下，根据URL动态设置面包屑导航的文字。

本章高保真图

1. 界面“首页”二维码联系方式

2. 管理系统“侧边栏导航”的横向展开子菜单

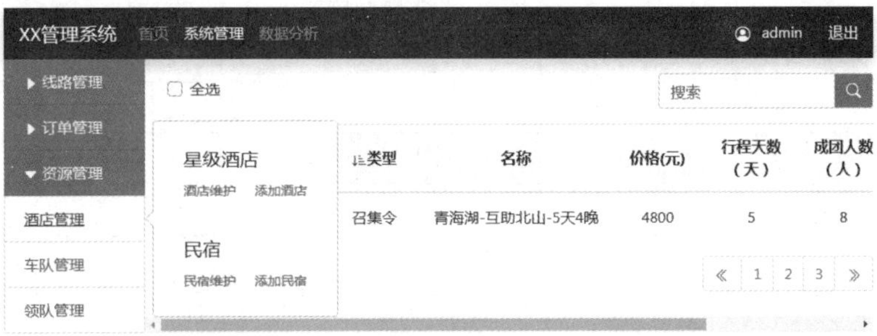

3. 管理系统“酒店维护”页面

第 7 章　用户数据交互的完善与优化

7.1　任务一："定制线路"选项卡的动态启用

任务目标	（1）"定制线路"页面加载时，只有"基本信息"内容窗是启用的，其他内容窗都禁用。 （2）单击一个内容窗中的"下一步"按钮时，启用下一个内容窗。		
任务难度	★★★		
实施过程：			
步骤序号	内容	出现问题	解决方案
1	"行程"选项的动态启用		
2	任意选项的动态启用		
开始时间		结束时间	
完成人		完成情况	

完成一条线路的定制需要用户输入的信息较多，且输入信息有顺序要求，我们设计为让用户"分步骤"完成信息的输入。

7.1.1　步骤1："行程"选项的动态启用

资　料	章　节	引导问题
层次选择器	3.2.2	（1）jQuery有几种层次选择器？ （2）后代选择器如何使用？
遍历 HTML 元素	3.2.3	（3）获取指定元素集合中指定索引的元素的方法是（　　），索引从（　　）开始。
选项卡	2.4.16.1	（4）禁用选项卡导航的类是（　　）。 （5）JS 显示内容窗的方法是（　　）。

首先，补足下列代码空白处，禁用除"基本信息"外的其他导航链接。设置生效后的效果如图 7-1 所示，单击"基本信息"之外的其他导航链接无反应。

```
<!--选项卡导航条目-->
<li class="nav-item">
    <a class="nav-link active" data-toggle="tab" href="#info">
```

```
        <h6>基本信息</h6>
    </a>
</li>
<li class="nav-item">
    <a class="nav-link ______(1)______" data-toggle="tab" href="#scheduling">
        <h6>行程</h6>
    </a>
</li>
<li class="nav-item">
    <a class="nav-link ______(2)______" href="#priceContent" data-toggle="tab">
        <h6>团费</h6>
    </a>
</li>
<li class="nav-item">
    <a class="nav-link ______(3)______" href="#imgContent" data-toggle="tab">
        <h6>图片</h6>
    </a>
</li>
```

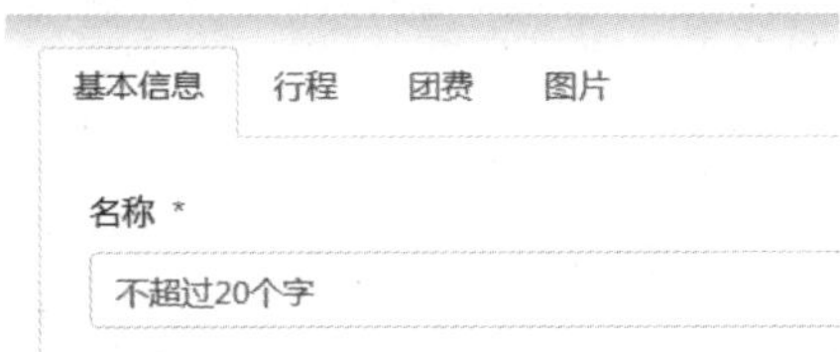

图7-1　禁用除“基本信息”外的其他三个导航链接

在 TSMSys 项目的 js 目录下创建“TSMSys.addRoute.js”，并在“addRoute.html”中引用。

在任务 5.3 中我们已经为“基本信息”版块中的“下一步”按钮元素设置了 id="next1"，启用内容窗可以调用导航组件提供的接口方法实现，“行程”导航超链是当前页面中选项卡的第二个导航超链。在“TSMSys.addRoute.js”中添加下列代码，补足空白处，根据上述思路实现，单击“button#next1”时，启用“行程”版块的导航链接。

```
//单击“基本信息”中的“下一步”按钮启用“行程”内容窗
$(function() {
    $('#next1').click(function(e) {
        $('______(4)______'). ______(5)______.removeClass('disabled'). ______(6)______;
```

```
    })
});
```

采用这种思路，继续为“#next2”等其他内容窗中的“下一步”按钮绑定事件处理函数，虽然可以实现业务的需求，但是代码存在“冗余”，质量较差。

7.1.2 步骤2：任意选项内容的动态启用

资　料	章　节	引导问题
表单选择器	3.2.5	（1）如何选取指定集合中所有的“按钮”元素？
过滤选择器	3.2.3	（2）获取指定集合中含有指定文本内容的元素需要使用哪种过滤器？
杂项	3.7	（3）获取指定元素在指定集合中的索引的方法是（　　）。

在该步骤中要优化步骤1中的实现方案，实现单击任何一个“下一步”按钮，都能启用“下一个”导航内容窗。其思路是分别获取“下一步”按钮和“选项卡导航链接”元素集合，事件目标按钮和被启用的导航链接之间的对应关系是在各自的集合中序号相差1。根据注释信息，补足下列代码空白处，实现任务目标要求。

```
//单击“下一步”按钮启用下一个选项内容窗
$(function() {
    //获取所有含有的"下一步"文本内容的按钮元素
     var  $nextBtns=$('______(1)______');
   $nextBtns.click(function(e) {
        //获取当前按钮在"下一步"按钮集合中的索引
        var index=$nextBtns.______(2)______($(this));
        $('.nav-tabs .nav-link').eq(index+1).removeClass('disabled').
tab('show');
    })
});
```

7.2 任务2：“行程”编辑条目数的动态生成

任务目标	根据用户在“基本信息”内容窗中输入的行程天数，动态添加“行程”内容窗中的行程的编辑卡片
任务难度	★★★★★
实施过程：	

（续表）

步骤序号	内容	出现问题	解决方案
1	获取行程天数		
2	动态添加日程编辑卡片		如何动态添加元素？
3	动态设置日程编辑卡片的标题和id属性值（方法1）		
4	动态设置日程编辑卡片的标题和id属性值（方法2）		
5	设置折叠面板的状态、添加图标		
开始时间		结束时间	
完成人		完成情况	

7.2.1　步骤1：获取行程天数

资　料	章　节	引导问题
读取和设置HTML元素	3.3.1	如何获取表单控件的值？

在7.1任务1的基础上，通过序号判断当前发生单击事件是不是“基本信息”内容窗中的“下一步”按钮，如果是，就获取用户输入的行程天数。5.3任务3中我们已经为行程日期的数字类型控件设置了属性id="days"。补足下列代码空白处，实现行程天数的获取，并在浏览器调试工具中检查正确性，如图7-2所示。

```
//获取当前按钮在"下一步"按钮集合中的索引
var index=$nextBtns.index($(this));
switch (index) {
    case 0:
          //获取用户输入的行程天数
          var days = $('#days').____(1)____();
          break;
}
$('.nav-tabs .nav-link').eq(index+1).removeClass('disabled').tab('show');
```

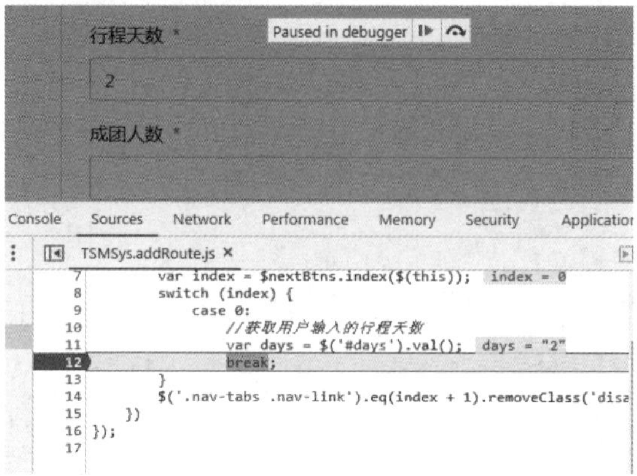

图7-2　在浏览器调试环境下设置断点观察变量的值

7.2.2　步骤2：动态添加日程编辑卡片

资　料	章　节	引导问题
向HTML元素添加内容	3.3.2	（1）在指定元素集合中，每一个元素结尾添加内容的方法是（　　）。
复制和替换HTML元素	3.3.4	（2）生成指定元素的副本的方法是（　　）。

将5.3任务3中实现的第1天日程编辑卡片作为模板，用户输入的行程天数有多少就添加多少个，首先我们先添加1个。代码如下：

```
switch (index) {
    case 0:
        //获取用户输入的行程天数
        var days = $('#days').val();
        //模板对象
        var $editTemplate=$('#scheduling .card');
        //向“基本信息”内容窗中的表单的结尾添加模板对象
        $('#scheduling form').____(1)____($editTemplate);
        break;
}
```

此时，无论行程天数设置为多少天，都不会出现两个日程编辑卡片，原因是模板元素已经存在于“div#scheduling”的子元素DOM树中，此时只会被移动到指定位置，而不是做添加操作。我们需要将模板对象复制一份，再将副本添加到指定位置。补足下列代码空白处，实现在行程内容窗中添加一个日程编辑卡片，如图7-3所示。

```
switch (index) {
```

```
    case 0:
        //获取用户输入的行程天数
        var days = $('#days').val();
        //模板对象
        var $editTemplate=$('#scheduling .card');
        //生成模板对象的副本
        var $templateClone=$editTemplate.______(2)______();
        //向div#scheduling的开头添加模板对象的副本
        $('#scheduling form').append($templateClone);
        break;
}
```

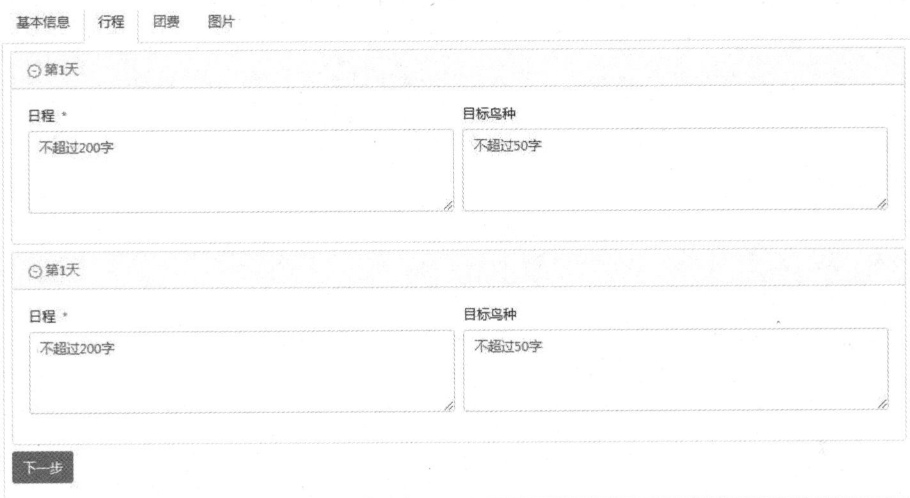

图7-3　动态添加了一个日程编辑卡片

继续修改代码，补足下列代码空白处，实现根据用户输入天数添加日程编辑卡片。

```
case 0:
    //获取用户输入的行程天数
    var days = $('#days').val();
    //获取模板对象
    var $editTemplate=$('#scheduling .card');
    //获取表单对象
    var $form=$('#scheduling form');
    for(var i=2;i<=days;i++){
        //向表单的结尾添加模板对象的副本
        __________(3)__________;
    }
    break;
```

7.2.3 步骤3：动态设置日程编辑卡片的标题和id属性值（方法1）

资　料	章　节	引导问题
读取和设置HTML元素	3.3.1	（1）怎样设置指定元素的指定标签属性的值？ （2）设置指定元素的文本的方法是（　　）。
遍历HTML元素	3.3.5	（3）获取指定元素的后兄弟元素的方法是（　　）。

上一步骤添加的日程编辑卡片都是同一模板的副本，所以不同日程的标题、折叠展开触发元素的data-target属性和折叠展开内容的id属性值都是相同的。我们在这一步骤中通过动态设置元素属性的值和文本内容来修正这一问题。补足下列代码空白处，实现标题和折叠展开面板相关属性值的动态设置。

```
//获取模板对象的副本
var $templateClone =$('#scheduling .card').clone();
//获取表单对象
var $form=$('#scheduling form');
for(var i=2;i<=days;i++){
    //根据当前日程，设置副本中h6子元素的data-target属性值以及内部文本，设置折叠展开内容元素的id属性
    $templateClone.____(1)____('h6').____(2)____('data-target','#day'+i).____(3)____('第'+i+'天').____(4)____().____(5)____('id','day'+i);
    //向表单的结尾添加模板对象的副本
    $('#scheduling').append($templateClone);
    $templateClone=$templateClone.clone();
}
```

正确编写代码运行后从浏览器调试工具中可以看到指定属性值已经改变，如图7-4所示。

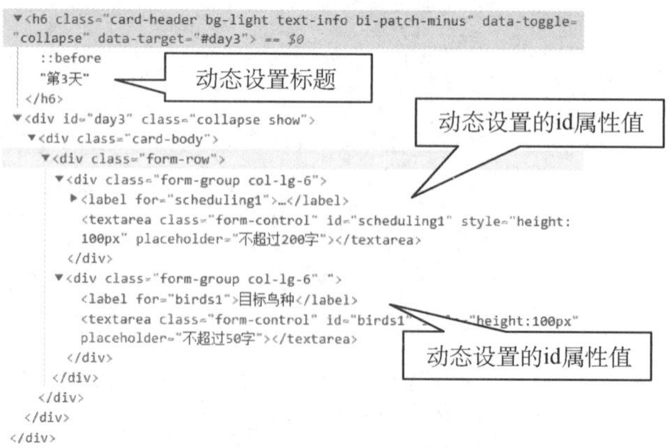

图7-4　动态设置元素的标签属性值和文本

label标记的for属性值，和对应的输入控件的id属性值的动态设置可以按照前面的思路继续调用相应元素attr()方法来完成，但是当有较多属性值需要修改时，这种方法显得“冗长”且不易维护。

7.2.4　步骤4：动态设置日程编辑卡片的标题和id属性值（方法2）

资　料	章　节	引导问题
读取和设置HTML元素	3.3.1	（1）设置指定元素的DOM属性的方法是（　　）。 （2）通过DOM的（　　）属性可取指定元素及子元素的HTML标签。
向HTML元素添加内容	3.3.2	（3）将内容添加到指定目标元素的结尾的方法是（　　）。
删除HTML元素及其属性	3.3.3	（4）能够删除指定元素的所有子元素方法是（　　）。
JS字符串方法	自行查找资料	（5）能够将字符串中用一些字符替换另一些字符，或替换一个与正则表达式匹配的子串的方法是（　　）。

在该步骤中我们提供另外一种思路来解决动态设置标签属性值和内容。我们在模板代码中将需要替换的字符添加特殊化处理，在序号前面加特殊字符，序号记为“__n”，例如，折叠展开内容元素的id属性值为“day__n”，日程label标记for属性值为“scheduling__n”，并将折叠展开内容的默认状态设置为“折叠”。模板部分的代码如下：

```
<!--卡片组件-->
<div class="card mb-2">
    <!--卡片头，设置背景和文字的颜色，并设置图标-->
    <h6 class="card-header bg-light text-info bi-patch-plus" data-toggle="collapse" data-target="#day__n">
        第__n天
    </h6>
    <!--折叠面板，默认折叠，添加淡入淡出动画-->
    <div class="collapse fade" id="day__n">
        <div class="card-body">
            <div class="form-row">
                <div class="form-group col-lg-6">
                    <label for="scheduling__n">日程
                        <span class="text-danger ml-1">*</span>
                    </label>
                    <textarea class="form-control" id="scheduling__n" style="height:100px" placeholder="不超过200字"></textarea>
                </div>
```

```
                    <div class="form-group col-lg-6">
                        <label for="birds__n">目标鸟种</label>
                        <textarea class="form-control" id="birds__n" style="height:100px" placeholder="不超过50字"></textarea>
                    </div>
                </div>
            </div>
        </div>
</div>
```

在向表单中添加模板对象的副本之前，先“清空”表单的子元素，既可以防止模板元素的干扰，也可以防止用户回到“基本信息”内容窗中修改行程天数后，再次单击“下一步”按钮导致的行程重复添加。生成模板副本后，将序号标志字符串根据当前的循环变量的值进行替换，将替换完成后的HTML字符串再转换为jQuery对象，添加到表单元素的末尾。补足下列代码空白处，完成上述业务逻辑，实现如图7-5所示的效果，并在调试工具中检查是否正确地设置了相关属性的值。

```
case 0:
    //获取用户输入的行程天数
    var days = $('#days').val();
    //获取模板对象
    var $templateClone=$('#scheduling .card');
    //获取表单对象
    var $form=$('#scheduling form');
    //删除form的所有子元素
    $form.____(1)____();
    var templateHTML='';
    for(var i=1;i<=days;i++){
    //方法2:将模板元素转换为字符串，替换其中序号部分
        templateHTML = $templateClone.____(2)____('outerHTML').____(3)____(/__n/g, i);
        //将模板再转回jQuery对象,添加到表单的结尾
        $(templateHTML).____(4)____($form);
        $templateClone=$templateClone.clone();
    }
    break;
```

图 7-5　行程动态添加的效果

7.2.5　步骤 5：设置折叠面板的状态，添加图标

资　料	章　节	引导问题
遍历 HTML 元素	3.3.5	获取指定集合中的第一个元素的方法是（　　）。

为了方便用户输入，将第一天的编辑卡片设置为“展开”状态并改变卡片头部的图标，在上一步的基础上，添加下列代码并补足空白处，运行效果如图 7-6 所示。

```
//第一天的编辑卡片中的折叠展开内容为“展开”的状态
$('#scheduling .collapse').______(1)______().addClass('show');
//第一天的标题的图标设置为bi-patch-minus
$('#scheduling h6').______(2)______().toggleClass(['bi-patch-plus', 'bi-patch-minus']);
break;
```

图 7-6　第 1 天行程编辑卡片展开

7.3 任务3："基本信息"用户输入合法性检查

<table>
<tr><td>任务目标</td><td colspan="3">单击"基本信息"内容窗中的"下一步"按钮时，对当前用户的输入做合法性检查，用户输入不合法时不启用下一个内容窗，并给出足够的错误提示信息，如管理系统"定制线路"页面基本信息验证效果高保真图所示。
合法性要求如下：
（1）所有输入都是"必填项"。
（2）线路名称不能超过20字，可以包含中文字、字母和数字。
（3）至少选择一种交通方式。</td></tr>
<tr><td>任务难度</td><td colspan="3">★★★★</td></tr>
<tr><td colspan="4">实施过程：</td></tr>
<tr><td>步骤序号</td><td>内容</td><td>出现问题</td><td>解决方案</td></tr>
<tr><td>1</td><td>设置表单控件验证模式</td><td></td><td></td></tr>
<tr><td>2</td><td>"交通方式"验证的实现</td><td></td><td></td></tr>
<tr><td>3</td><td>单击"下一步"按钮，需通过验证才启用下一个选项</td><td></td><td></td></tr>
<tr><td>开始时间</td><td></td><td>结束时间</td><td></td></tr>
<tr><td>完成人</td><td></td><td>完成情况</td><td></td></tr>
</table>

7.3.1 步骤1：设置表单控件验证模式

资　料	章　节	引导问题
HTML5表单验证属性	自行查找资料	（1）属性（　　）设置表单控件为必填项。 （2）属性（　　）设置用户输入必须满足的模式。
正则表达式	自行查找资料	（3）正则表达式中，中括号和大括号分别具有什么语法含义？
表单验证	2.4.10.6	（4）设置表单为需要验证的类是（　　）。 （5）如何设置验证成功或者失败时的提示？

为"addRoute.html"中"基本信息"表单添加验证功能，补足下列代码空白处，设置表单为"已验证"状态，并设置名称输入框为必填项，且需满足任务要求中的规则"不超过20个中文字或字母或数字"，输入非法时给出提示信息如图7-7所示，输入合法时如图7-8所示。

```
<!--"基本信息选项内容"-->
<div class="tab-pane fade show active" id="info">
    <!--表单应用“已验证”类-->
    <form class="p-3 ______(1)______">
```

```
        <!--表单第一行，采用表单网格系统实现响应式布局-->
        <div class="form-row">
            <div class="form-group col-lg-6">
                <label for="title">名称
                    <span class="text-danger ml-1">*</span>
                </label>
                <!--必填项、设置验证匹配模式-->
                <input ______(2)______ ______(3)______="[\u4E00-\u9FA5_a-zA-Z0-9_]{3,10}" type="text" class="form-control" id="title" placeholder="3-20个字">
                <!--验证非法反馈信息-->
                <div class="______(4)______">
                请输入3-20个中文字/字母/数字
                </div>
            </div>
```

图7-7　验证不合法时的反馈效果

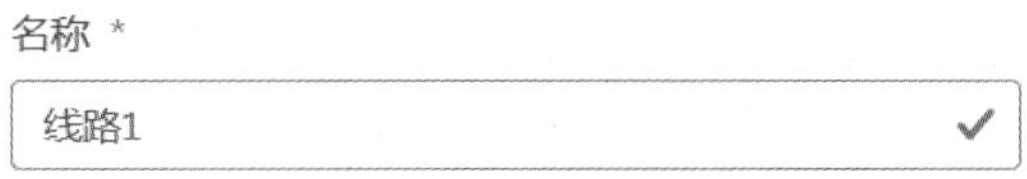

图7-8　验证合法时的反馈效果

“集合地点”两个列表菜单分别添加反馈信息元素后，要为它们添加外包裹元素，使弹性布局的效果正确，代码如下，验证效果如图7-9所示。

```
<div class="form-group col-lg-6">
    <label for="inputProvince">
        集合地点<span class="text-danger ml-1">*</span>
    </label>
    <div class="d-flex">
        <div class="flex-fill mr-2">
            <select required id="inputProvince" class="form-control mr-1">
                <option value="">省</option>
                <option value="">安徽</option>
            </select>
            <div class="invalid-feedback">请选择省份</div>
        </div>
        <div class=" flex-fill">
            <select required id="inputCity" class="form-control">
                <option value="">市</option>
                <option value=""></option>
```

```
            </select>
            <div class="invalid-feedback">请选择城市</div>
        </div>
    </div>
</div>
```

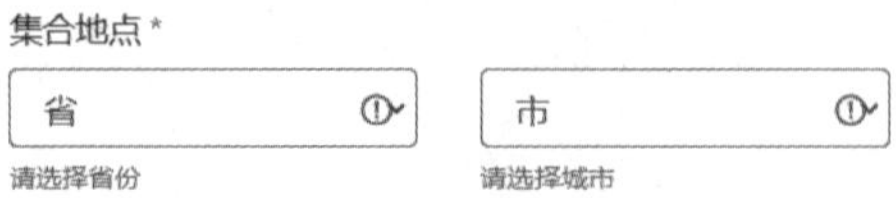

图 7-9　集合地点验证非法反馈效果

自行实现除“交通方式”外的其他控件的验证反馈，实现如图 7-10 所示的效果。

图 7-10　“基本信息”内容窗的表单验证非法反馈效果

7.3.2　步骤 2：“交通方式”验证的实现

资　料	章　节	引导问题
遍历 HTML 元素	3.3.5	（1）获取指定元素集合中满足参数条件的子集的方法是（　　）。
表单选择器	3.2.5	（2）选择器（　　）可以选取指定集合中所有被选中的复选框。
删除 HTML 元素及其属性	3.3.3	（3）删除元素的标签属性的方法是（　　）。
显示和隐藏	3.5.1	（4）隐藏指定元素的方法是（　　）。 （5）显示指定元素的方法是（　　）。

我们在这一步骤中实现 name 属性值相同的一组复选框的输入验证，首先为“交通方式”下的一组复选框都添加 name 属性和 required 属性，并添加 188 至 190 行的错误反馈信息。标签部分修改完毕后，运行效果如图 7-11 所示。代码如下：

```
175. <div class="form-group col-lg-6">
176.     <label>
```

```
            交通方式<span class="text-danger ml-1">*</span>
        </label>
        <div class="pt-1 pl-2">
            <div class="form-check form-check-inline">
                <input required name="travel" class="form-check-input" type="checkbox" id="airplane" value="airplane">
                <label class="form-check-label" for="airplane"> 飞 机 </label>
            </div>
            <div class="form-check form-check-inline">
                <input required name="travel" class="form-check-input" type="checkbox" id="automobile" value="automobile">
                <label class="form-check-label" for="automobile">汽车 </label>
            </div>
            <div id="travelTips" class="text-danger mt-2">
                <small>请选择交通方式</small>
            </div>
        </div>
    </div>
```

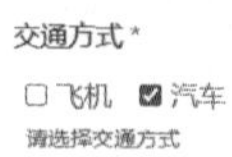

图 7-11　复选框组的验证效果

“交通方式”复选框组要求至少选择一个，就可以通过验证，如图 7-12 所示用户选择了“汽车”时，应该验证通过。编程思路是：当用户单击交通方式下的复选框时，那么将取消所有复选框的“必选项”要求，使复选框显示“验证通过”的样式，并隐藏错误反馈信息；否则为所有复选框添加“required”属性，并显示错误反馈信息。在“TSMSys.addRoute.js”中添加下列代码，并补足空白处，实现交通方式的验证。

```
//检查是否选择了交通方式
$(function() {
    var $travel = $('[name="travel"]');
    $travel.click(function() {
        //判断交通方式复选框组中是否有“被选中”状态的元素
        if ($travel.____(1)____('____(2)____').length === 0) {
            $travel.attr('required', 'required');
            //显示错误反馈信息
            $('#travelTips').____(3)____();
```

```
        } else {
            //只要至少选择了一种交通方式，则去掉所有复选框的必选设置
            $travel.____(4)____('required');
            //隐藏错误反馈信息
            $('#travelTips').____(5)____();
        }
    });
});
```

图7-12　交通方式验证“不通过”与“通过”时的效果

7.3.3　步骤3：单击“下一步”按钮需通过验证才启用下一个选项

资　料	章　节	引导问题
JS表单验证API	自行查找资料	对表单中的输入控件进行验证的方法是（　　）。

为“基本信息”内容窗中的表单添加id属性。代码如下：

```
<!--"基本信息选项内容窗"-->
<div class="tab-pane fade show active" id="info">
    <form class="p-3 was-validated" id="infoForm">
```

用户单击“基本信息”内容窗中的“下一步”按钮后，在启用“行程”内容窗之前，先判断用户的输入是否存在非法，如果存在非法则返回false，后面的代码将不会被执行，下一个内容窗就不会被启用。

```
//获取表单DOM对象，并调用验证方法，判断用户输入是否存在非法
if (document.getElementById('#infoForm').____(1)____() === false) {
    return false;
}
//获取用户输入的行程天数
```

注意：checkValidity()方法必须通过form元素的DOM对象调用。

7.4　任务4：添加、删除、撤销删除“团次”编辑条目的实现

任务目标	实现“团费”内容窗中工具栏的功能。 （1）单击“添加团次”按钮时，动态添加一条“团次”编辑条目。 （2）“全选”复选框的选中状态，与“团次”编辑条目组前面的复选框组是否全部被选中的状态保持一致。 （3）单击“删除”按钮时，删除所有选中的“团次”条目。 （4）单击“撤销删除”按钮或者按下组合键 Ctr+Z 时，撤销最近一次的“删除”操作。
任务难度	★★★★

实施过程：

步骤序号	内容	出现问题	解决方案
1	添加“团次”编辑条目		
2	全选与取消全选的实现		
3	删除编辑条目与撤销删除		
开始时间		结束时间	
完成人		完成情况	

一个线路可以有多个出团时间。团费根据出团日期可能会有季节性变化，所以管理员应该可以动态地添加出团日期和团费。在添加有误的情况下，可以删除选中的条目，为防止误删除，提供了“撤销删除”的功能。

7.4.1　步骤1：添加“团次”编辑条目

首先为“添加团次”按钮添加id属性，代码如下：

```
<button type="button" id="add" title="添加团次" class="btn border text-info bi-calendar-plus-fill"></button>
```

给“团费”内容窗中的表格的<tbody>添加id属性，代码如下：

```
<tbody id='inputTable'>
```

在“TSMSys.addRoute.js”中添加下列代码，补足空白处，完成“团次”编辑条目的动态添加。

```
//"团次"内容窗中的功能
$(function() {
```

```
//单击“添加团次”图标时，添加一行输入条目
    $('#add').click(function() {
        var itemHTML=
         '<tr>'
            +'<td class="align-middle">'
                +'<input class="ml-2" type="checkbox">'
            +'</td>'
                +'<td><input type="text" class="form-control mx-auto" style="max-width:100px;"></td>'
                +'<td><input type="date" class="form-control mx-auto" style="max-width:220px;"></td>'
            +'</tr>'
        ________(1)________;
    });
});
```

7.4.2 步骤2：全选与取消全选的实现

资　料	章　节	引导问题
表单选择器	3.2.5	（1）选择器（　　）可以选取指定集合中所有复选框。
jQuery 核心方法	3.1	（2）当前jQuery对象如何表示？
读取和设置HTML元素	3.3.1	（3）在设置复选框、单选钮的选中状态时，jQuery推荐用（　　）方法。
事件委派	自行查找资料	（4）事件委派的优点有哪些？
事件管理方法	3.4.1	（5）jQuery如何实现事件委派？

这一步骤实现“全选”复选框的全选功能。为“全选”复选框添加id属性，代码如下：

```
<input type="checkbox" id="checkAll" title="全选">
```

当用户单击“全选”框时，将“团次”编辑条目前面的复选框状态设置为与“全选”框一致（见图7-13），就可以完成“全选”“全不选”的功能了。在“TSMSys.addRoute.js”中添加下列代码，补足空白处，实现上述需求。

```
var $checkAll = $('#checkAll');
//单击“全选”复选框时，按照“全选”框的选中状态设置团次编辑条目前面的复选框状态
```

```
5. $checkAll.click(function() {
6.     $('#inputTable ____(1)____').____(2)____('____(3)____', ____(4)____.
____(5)____);
7. });
8. //单击"添加团次"图标时，添加一行输入条目
```

图7-13　编辑条目的“勾选”状态与“全选”框状态保持一致

反之，当用户改变团次输入条目前面的复选框的勾选状态时，“全选”复选框的“勾选”状态也要与编辑条目的复选框是否“全选”保持一致，如果所有编辑条目前面的复选框都处于“勾选”状态，则“全选”复选框的状态应该为“勾选”状态。添加下列代码，根据注释补足空白处。

```
3. var $checkAll = $('#checkAll');
4. //设置团次输入条目前面的复选框时，同步"全选"复选框状态
5. $('#inputTable :checkbox').click(function() {
6.     if ($('#inputTable :checkbox').length == $('#inputTable :checke
d').length) {
7.         $checkAll.prop('checked', ____(6)____);
8.     } else {
9.         $checkAll.prop('checked',____(7)____);
10.     }
11. });
12. //单击"全选"复选框时，同步设置团次输入条目前面的复选框状态
```

在“全选”框与编辑条目前的复选框状态同步后，我们新添加一条编辑条目，发现新添加的编辑条的“勾选”状态改变并不会触发“全选”复选框的状态改变，原因是上述代码第5行在document就绪后在指定集合上绑定了事件处理函数，对于动态添加的元素无效。在此类应用场景下，应采用“事件委派”，将事件绑定在直接目标元素集合的祖先节点上。补足下列代码空白处，解决新添加的编辑条目的“勾选”状态不能触发“全选”复选框状态同步的问题。

```
4. //设置团次输入条目前面的复选框时，同步"全选"复选框状态
5. $('#inputTable').____(8)____('____(9)____','____(10)____',function() {
```

7.4.3 步骤3：删除编辑条目与撤销删除

资　料	章　节	引导问题
遍历HTML元素	3.3.5	（1）获取指定元素集合中含有满足参数条件的子元素的子集的方法是（　　）。
删除HTML元素及其属性	3.3.3	（2）可以删除指定集合元素的方法有几种？区别是什么？
事件处理方法	3.4.2	（3）键盘事件有几种？区别是什么？
事件管理方法	3.4.1	（4）可以通过event对象的属性（　　）来获取触发键盘事件的按键的键盘码。 （5）如何判断事件被触发时，Ctrl键是否被按下？ （6）方法（　　）可以触发指定元素的绑定事件。

这一步骤中，我们实现“团费”内容窗中的“批量删除”和“撤销删除”功能。首先给“批量删除”和“撤销删除”按钮设置id属性如下列代码所示。

```
<button type="button" id="delete" title="批量删除" class="btn border text-danger bi-trash-fill"></button>
<button type="button" id="recover" title="撤销删除" class="btn border text-success bi-reply-fill"></button>
```

在“TSMSys.addRoute.js”中为“团次”内容窗中的功能添加下列代码，补足空白处，完成删除选中的编辑条目。

```
//批量删除选中的团次条目
$(function() {
    $('#delete').click(function() {
        $('#inputTable tr').____(1)____(':checked').____(2)____();
    });
})
//添加团次版块功能
```

完成上述代码编写后，选中部分编辑条目，如图7-14所示，单击“批量删除”按钮，选中的条目被删除，如图7-15所示。

图7-14　选中要删除的条目

图7-15　删除选中条目后的效果

接下来完成“撤销删除”。单击“撤销删除”按钮时，将最近一次删除的编辑条目恢复到表格的末尾，恢复后的效果如图 7-16 所示。代码如下：

```
//记录最近被删除的条目
var $detached;
//批量删除选中的团次条目
$('#delete').click(function() {
    $detached=$('#inputTable tr').has(':checked').detach();
});
//撤销最近一次的批量删除
$('#recover').____(3)____(function() {
    ________(4)________;
});
```

图 7-16　恢复删除选中条目后的效果

最后，我们实现按下组合键 Ctr+Z 时，同样可以完成撤销最后一次删除的功能，添加下列代码，与单击“撤销删除”按钮完成的功能一样。补足下列代码的空白处，实现上述需求。

```
//在document上绑定键盘按下的事件
$(document).____(5)____(function(e){
    //判断是否是组合键Ctrl+Z
    if(____(6)____ && ____(7)____ == 90){
        //触发"撤销删除"按钮的click事件
        $('#recover').____(8)____('click');
    }
})
```

7.5　任务 5：团费编辑条目恢复及警告框动画效果制作

任务目标	单击“撤销删除”按钮时 (1) 如果有可恢复的删除编辑条目，则将其以淡入淡出的效果恢复到原来的位置。

（续表）

任务目标	（2）如果没有需要恢复的删除编辑条目，则在编辑条目表格的上方，从右至左“飞入”一个警告框，直至内容窗的最左侧，如图 7-17、图 7-18 所示，“飞行”距离为 200px，到位后，延迟 5 秒，然后消失。 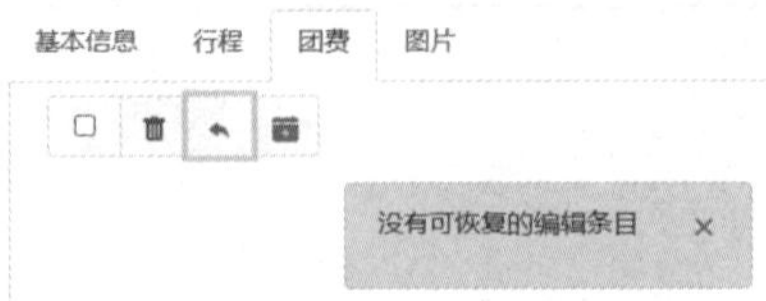 图 7-17　警告框出现的初始位置 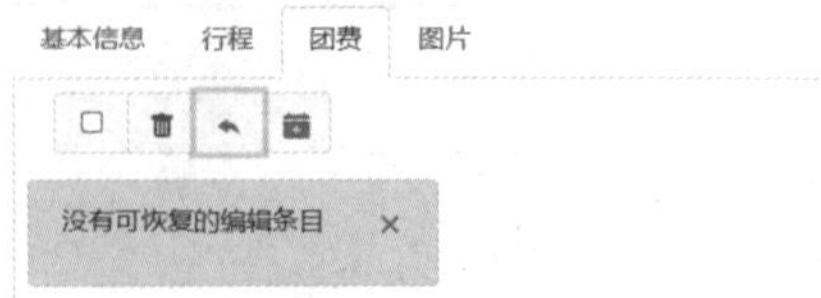 图 7-18　警告框“飞行”终止位置		
任务难度	★★★★		
实施过程：			
步骤序号	内容	出现问题	解决方案
1	记录删除前被删除条目的位置		
2	以淡出的动画效果原位恢复被删除的条目		
3	警告框“飞入”动画的实现		
4	自定义警告框的关闭		
开始时间		结束时间	
完成人		完成情况	

7.5.1　步骤 1：记录删除前被删除条目的位置

资　料	章　节	引导问题
遍历 HTML 元素	3.3.5	（1）为指定集合中每个元素执行 function 函数的方法是（　　）。
杂项	3.7	（2）如何获取元素在兄弟元素中的索引？ （3）如何给指定元素附加数据？ （4）如何获取元素附加的数据？

这一任务要求恢复删除的编辑条目到原来的位置，那么在删除前就要做好原来“位置”也就是原索引的“记录”。修改删除编辑条目的代码，按照下列代码中注释的提示，补足空白处，记录删除条目的索引（见图 7-19）。通过控制台中的输出，测试代码的正确性。

```
//记录最近被删除的条目
var $detached;
//批量删除选中的团次条目，并记录原索引
$('#delete').click(function() {
 var $checkedTrs = $('#inputTable tr').has(':checked');
```

```
//遍历$checkedTrs
$checkedTrs.____(1)____(
    function() {
        //为当前元素附加数据 index:原索引值
        $(this).____(2)____('index', $(this).____(3)____());
        });
    $detached = $checkedTrs.detach();
    //遍历$detached
    $detached.____(4)____(
    function() {
        //向控制台输出以附加数据的形式记录下来的原索引
        console.log($(this).____(5)____('index'));
    });
});
```

图7-19　删除第一个和第三个条目时，控制台中输入的索引

7.5.2　步骤2：以淡出的动画效果原位恢复被删除的条目

资　料	章　节	引导问题
遍历HTML元素	3.3.5	（1）方法（　　）可以获取指定元素满足过滤条件的后代元素（　　）。 （2）方法（　　）可以获取指定元素集合中指定索引的元素。
向HTML元素添加内容	3.3.2	（3）可以将指定元素添加到另一个元素的前面的方法是（　　）。
显示和隐藏	3.5.1	（4）通过将元素变为不透明，实现淡入效果的方法是（　　）。

上一步骤中恢复删除的编辑条目都重新添加在尾部，我们在这一步中实现在原来的位置恢复删除条目。恢复时按照原序号从小到大的顺序，逐一恢复，每次恢复的条目添加到当前编辑条目中，与其原序号相同的条目。根据代码中的提示，补足下列代码的空白处。

```
//以淡入的效果原位恢复撤销
$('#recover').click(function() {
    var index;
    //遍历$detached
```

```
    $detached.each(function() {
        var $this = $(this);
        //获取当前元素的附加数据
        index = $this.____(1)____('index');
        //隐藏当前元素
        $this.hide();
        //获取删除前，当前元素的原后兄弟tr元素
        var $after = $('#inputTable').____(2)____('tr').____(3)____(index);
        //将当前元素添加在$after前面
        $this.____(4)____($after);
        //以淡出的效果、慢速显示当前元素
        $this.____(5)____;
    });
    //恢复后，清空“删除”记录，以免重复恢复
    $detached = null;
});
```

发现如果删除的是最后一个编辑条目，将不会得到恢复，删除的其他编辑条目都能恢复到正确位置。这是因为最后一个编辑条目没有“后兄弟”元素，在恢复的时候要针对这种情况做出处理，修改代码如下：

```
//获取删除前当前元素的原后兄弟元素
var $after = $('#inputTable').find('tr').eq(index);
if ($after.length == 0) {
    //如果没有原后兄弟元素，则添加在表格的末尾
    $('#inputTable').append($this);
} else {
    //否则将当前元素添加在$after前面
    $this.insertBefore($after);
}
```

修改完成后，所有最近一次被删除的条目都可以得到正确恢复了。

7.5.3　步骤3：警告框“飞入”动画的实现

资　料	章　节	引导问题
警告框	2.4.1	（1）警告框的基础类是（　　）。 （2）如何设置警告框的背景色？ （3）设置警告框为可关闭的类是（　　）。 （4）警告框元素在关闭后还在DOM树中吗？

（续表）

资　料	章　节	引导问题
操作DOM样式	3.3.6	（5）方法（　　）可以获取指定集合中第一个元素相对document的当前坐标。
自定义动画	3.5.2	（6）方法（　　）可以显示由一系列的CSS效果组成的动画。 （7）方法（　　）可以设置动画延迟执行的时间。

用户单击了“撤销删除”按钮，而此时没有需要恢复的“删除”元素，应给出提示。提示信息用Bootstrap警告框实现。首先在“团费”内容窗的操作按钮下方添加可关闭的警告框，补足下列代码空白处，实现如图7-20所示的警告框。

```
<!--警告框提示-->
<div id="recoverAlert" class="____(1)____" style="width:250px">
    <p>没有可恢复的编辑条目</p>
    <button class="____(2)____" ________(3)________>
        <span>&times;</span>
    </button>
</div>
```

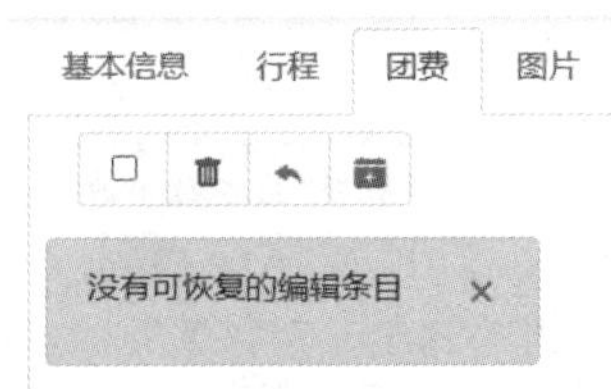

图7-20　警告提示框效果图

在TSMSys.addRoute.js文件中添加下列代码，并补足空白处，实现在没有可恢复的删除条目时，出现警告框，并按照代码中的提示，完成动画效果制作。

```
//以淡入的效果原位恢复撤销
var $alert=$('#recoverAlert');
$alert.hide();
$('#recover').click(function() {
    var index;
    //判断是否有可恢复的条目
    if ($detached == null) {
        //如果没有,显示警告框
        $alert.show();
        //获取警告框当前的坐标
        var offset = $alert.____(4)____();
         //横向偏移量+200
        offset.____(5)____ += 200;
```

```
            //以新的偏移量设置警告框的位置
            $alert.____(6)____(offset);
            //警告框向右移动200px,时长1秒,延时5秒后隐藏
            $alert.____(7)____({
                ____(8)____: '-=200px'
                }, 1000).____(9)____(5000).hide('slow');
        } else {
        //遍历$detached
            $detached.each(function() {
                …//省略步骤2中实现的删除恢复代码
        }
});
```

代码编写正确的情况下，应能完成警告框的动画效果。

7.5.4　步骤4：自定义警告框的关闭

资　料	章　节	引导问题
事件管理方法	3.4.1	（1）event对象用于阻止事件的默认动作的方法是（　　）。
自定义动画	3.5.2	（2）方法（　　）用于停止当前运行的动画，移除所有排队的动画，并为指定元素完成所有动画。

在上一步骤完成后，尝试在动画延迟期间关闭警告框，然后再次单击“删除恢复”按钮，警告框是否会再次出现？答案是否定的，因警告框默认的“关闭”动作是通过将警告框从DOM树中删除实现的，所以再次单击“删除恢复”按钮时，警告框元素已经被删除了。

解决上述问题有两个思路，思路1：动态添加警告框（请自行实现）；思路2：自定义警告框的关闭动作，在单击“关闭”按钮时，通过隐藏警告框来达到关闭效果。

下面我们按照思路2解决上述问题，首先去掉“关闭”按钮中的data-dismiss="alert"属性，并将<button>改为<a>，否则在单击“关闭”按钮时会出现黑色边框，影响外观效果，为超链设置href属性，光标进入超链区域时会变为“手”型。代码如下：

```
<!--警告框提示-->
<div  id="recoverAlert"  class="alert  alert-danger  alert-dismissible" style="width:250px">
    <p>没有可恢复的编辑条目</p>
    <a  class="close"  href="">&times;</a>
</div>
```

在 TSMSys.addRoute.js 文件中添加下列代码，并补足空白处，实现单击“关闭”按钮时，提示框消失。

```
//获取警告框元素
var $alert = $('#recoverAlert');
$alert.hide();
//自定义警告框的关闭
$('#recoverAlert .close').click(
    function() {
        $alert.hide();
    });
//以淡入的效果原位恢复撤销
```

完成上述代码后，在没有可恢复的编辑条目的情况下，连续单击“撤销删除”按钮，发现仍然存在下列问题：

（1）单击“关闭”按钮时，页面发生“抖动”。其原因是单击“超链”发生跳转导致的，在单击事件发生时，需要阻止这一默认动作在这一任务重复发生。

（2）如果在很短的间隔时间内，再次单击“撤销删除”时，警告框可以出现，但是并没有按照设定好的动画序列执行动画。其原因是单击“关闭”按钮时，警告框只是被隐藏了，警告框对象上未完成的动画序列仍然继续执行，如果在执行完毕前，又再次单击了“撤销删除”按钮，那么动画序列就会“混乱”。解决这一问题的方法是：警告框动画序列的最终状态就是隐藏，在单击“关闭”按钮时，让动画序列直接“跳到”完成状态，并清空动画队列。

按照注释，补足下列代码空白处，解决上述两个问题。

```
//自定义警告框的关闭
$('#recoverAlert .close').click(
    function(e) {
        //阻止事件默认的动作
        e.____(1)____();
        //结束动画,并清空队列
        $alert.____(2)____();
    });
```

任 务 延 展

（1）日程编辑卡片头部的图标，在单击卡片头部时，没有发生变化，请自行实现随着折叠面板的折叠、展开状态的变化切换图标。

（2）在日程编辑卡片上应用“手风琴”效果。

（3）7.5 任务 5 中，动态获取“团费”内容窗最右侧的位置，使警告框在中屏及以上的任何视口都能从“团费”内容窗的最右侧飞入。

本章高保真图

管理系统“定制线路”页面基本信息验证效果

模块 4

动态网站搭建

工作领域

使用 Ajax 创建动态网站。

基础要求

（1）了解 xmlHttpRequest 对象。

（2）理解 Ajax 生命周期。

能力目标

（1）理解前后端分离的开发模式。

（2）能够根据前后端约定的 API，使用 mock 工具模拟后台数据。

（3）能够熟练使用 JSON 完成数据的表示和组织。

（4）能够使用 jQuery Ajax 和完成前后端的数据交互。

（5）理解 Bootstrap 接口方法的异步执行特性。

（6）能够将 Bootstrap 加载动画用于前后端数据交互。

1+X 证书知识点（中级）

（1）Bootstrap 常用组件：信息提示框、加载动画。

（2）Ajax：Ajax 生命周期、jQuery Ajax 的快捷方法、辅助方法、底层接口。

第 8 章　Ajax 前后端数据异步交互

8.1　任务 1：管理员界面侧边栏导航的异步加载

任务目标	实现管理员界面“侧边栏导航”的动态异步加载，以提高可维护性。		
任务难度	★★		
实施过程			
步骤序号	内容	出现问题	解决方案
1	将侧边栏导航单独形成一个文件		
2	异步加载侧边栏导航文件		
开始时间		结束时间	
完成人		完成情况	

导航栏在多个页面中都需要使用。在教材模块 2“静态网页”制作过程中，我们将导航栏部分的代码复制粘贴到每一个需要使用它的网页中，如果导航栏代码改变了，那么需要修改每一个使用了导航栏的页面代码，可维护性差。“可复用”部分应当单独形成一个文件，被其他文件引用，导航条目“活跃”状态需要根据当前引用的页面动态设置。

8.1.1　步骤 1：将侧边栏导航单独形成一个文件

在项目 TSMSys 的根目录下新建文件“siderBar.html”文件，项目结构如图 8-1 所示。

将侧边栏的“手风琴”标签部分移至新建的 siderBar.html 中。在所有使用侧边栏导航的 HTML 文件中，页面原“手风琴”的位置用下列标签替代。

```
<!--侧边栏导航栏预留位置-->
<div id="siderBarReserved" style="min-width: 150px"></div>
```

图 8-1　TSMSys 项目结构

8.1.2 步骤2：异步加载侧边栏导航文件

资　料	章　节	引导问题
快捷方法	3.6.2	从服务器加载数据，将返回的HTML覆盖指定元素的内容的方法是（　　）。

在项目js目录下新建“TSMSys.menuAjax.js”，在6.4任务4中完成的“showHotels.html”中添加对新建的js文件的引用。注意：jQuery的版本必须是完整版，不能是slim版。下列代码中的行号仅供参考。

```
<!--引入jQuery库文件-->
<script src="/TSMSys/js/jquery-3.6.0.min.js"></script>
<!--引入Bootstrap JS库文件-->
<script src="/TSMSys/js/bootstrap.bundle.min.js"></script>
<!--引入TSMSys.hotelsAjax.js库文件-->
<script src="/TSMSys/js/TSMSys.menuAjax.js"></script>
<!--引入TSMSys.menu.js文件-->
<script src="/TSMSys/js/TSMSys.menu.js"></script>
```

在“TSMSys.menuAjax.js”中添加异步加载侧边栏文件的代码，补足空白处。

```
<!--异步加载侧边栏-->
$(function() {
    $('#siderBarReserved').____(1)____('/TSMSys/siderBar.html');
})
```

代码编写完成后，运行“showRoutes.html”，发现侧边栏被加载到指定位置，但是“TSMSys.menu.js”里的菜单相关功能可能会缺失。其原因是侧边栏导航是被异步加载的，与在其后引用的“TSMSys.menu.js”不再有严格的顺序执行关系，也就是“TSMSys.menu.js”被执行时侧边栏的“document”可能还没有就绪，所以事件的注册不能成功。将“TSMSys.menu.js”的引用移至“siderBar.html”文件的末尾，解决上述问题。完成后，测试在不同的页面间跳转时，侧边栏导航功能是否正常，体会侧边栏“可维护性”方面的改善。

8.2 任务2：酒店信息的异步读取

任务目标	打开“酒店维护”页面时，将酒店信息数据从后台异步加载。 （1）如果异步请求不成功，要给出加载失败的提示，如图8-2所示。

（续表）

<table>
<tr><td>任务目标</td><td>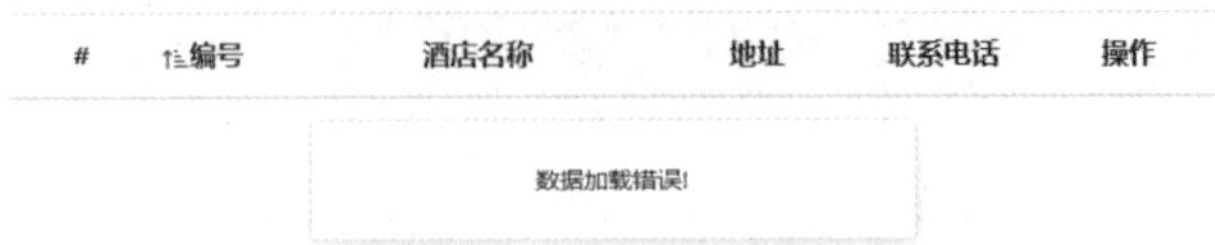

图 8-2　数据加载失败提示
（2）等待数据加载时，显示 loading 动画（加载中），如图 8-3 所示；数据加载完毕后，loading 动画消失。
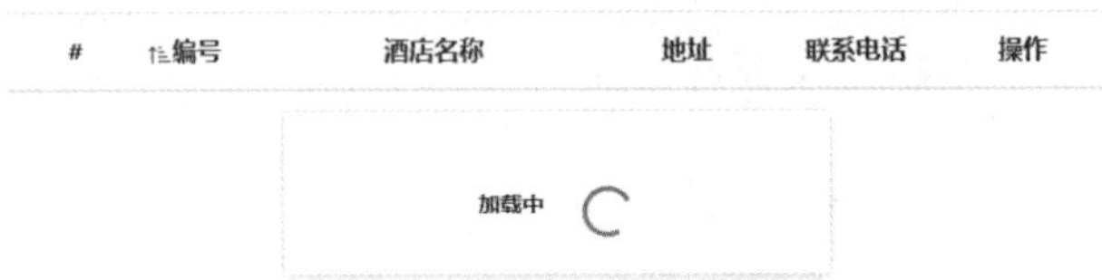

图 8-3　loading 动画效果</td></tr>
<tr><td>务难度</td><td>★★★★★</td></tr>
</table>

实施过程：

步骤序号	内容	出现问题	解决方案
1	使用 mock.js 生成模拟酒店数据		
2	编写异步获取酒店信息的 Ajax 请求		
3	配置模拟后端路由，成功加载酒店数据		
4	显示提示信息		
开始时间		结束时间	
完成人		完成情况	

完成一条线路的定制需要用户输入的信息较多，且输入信息有顺序要求，我们设计为让用户“分步骤”完成信息的输入。

8.2.1　步骤 1：使用 mock.js 生成模拟酒店数据

资　料	网　址	引导问题
mock.js	文档：https://github.com/nuysoft/Mock/wiki 示例：http://mockjs.com/examples.html 下载地址：http://mockjs.com/dist/mock.js	（1）Mock 怎样根据模板生成数据？ （2）Mock 随机中文标题的占位符是（　　），随机城市的占位符是（　　）。

前端和后台分离的 Web 应用开发模式，可以减少前、后台的耦合度，让代码更加清晰，易于维护；前端和后台可以并行开发，加快进度。在前端和后台分离的开发模式

下，前端和后台的数据接口API要做好约定，形成工程文件。

“mock.js”是一个模拟数据产生器，可以截获Ajax请求并返回模拟后台数据，帮助前端完成动态数据的获取与处理，在项目后台部分的开发进度还不能满足为前端提供数据交互的情况下，前端开发人员可以根据约定的API，使用Mock来帮助完成数据交互部分的调试与测试。

打开“mock.js”的下载地址，将文件另存为TSMSys项目的js目录下的“mock.js”，在项目中创建一个新目录data，在data目录下新建“mockData.js”文件。项目目录结构如图8-4所示。

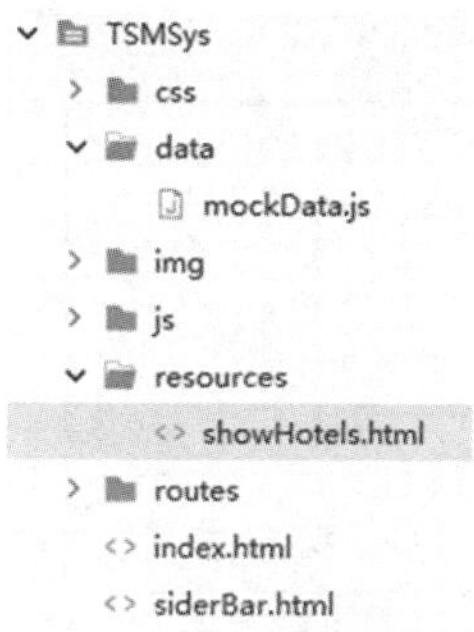

图8-4　项目目录结构

在“showHotels.html”中先后引用“mock.js”库和“mockData.js”文件，代码如下：

```
<!--引入Mock库文件-->
<script src="/TSMSys/js/mock.js"></script>
<!--引入mockData.js库文件-->
<script src="/TSMSys/data/mockData.js"></script>
```

在mockData.js中添加下列代码，补足空白处，按照Mock的数据模板定义规范随机生成10～15条酒店信息。

```
//酒店数据生成模板
hotels = Mock.mock({
 //根据下面的模板随机生成1-10条数据
 "array|10-15": [{
     //id以大写字母开头后跟3个随机数字
     id: '@character("____(1)____")' + '@string("number", 3)',
     //随机中文标题
     name: '@____(2)____',
     //随机城市
         addr: '@____(3)____',
         //以1开头的11位手机号码
         mobile: '1' + '@string("number",____(4)____)'
     }],
})
```

8.2.2 步骤2：编写异步获取酒店信息的Ajax请求

资 料	章 节	引导问题
底层接口	3.6.1	（1）设置发送请求的地址的属性是（　　）。 （2）设置请求成功时的回调函数的属性是（　　）。 （3）设置请求失败时的回调函数的属性是（　　）。 （4）设置期望从服务器返回的数据类型的属性是（　　）。
快捷方法	3.6.2	（5）以HTTP GET请求方式从服务器加载数据的方法是（　　）。
mock.js	自行查找资料	（6）Mock在拦截到匹配的请求地址和请求方式的Ajax请求时，如何将模拟数据作为响应数据返回？

我们在这一步骤中完成发送Ajax请求，并对响应数据进行处理的代码编写。在js目录下新增“TSMSys.hotelsAjax.js”文件，在showHotels.html中引入TSMSys.hotelsAjax.js，并清空<tbody></tbody>标签内部的所有数据行。在TSMSys.hotelsAjax.js添加下列异步获取酒店信息的函数声明，根据注释补足下列代码空白处。

```
//异步获取酒店信息
function getHotels() {
 //获取酒店信息，请求方式为get
 $.____(1)____({
      //设置请求url，后台路由
          ____(2)____: '/resources/hotel',
          //设置期望从服务器返回的数据类型
          ____(3)____: 'json',
          //成功时回调函数
          ____(4)____: function(res) {
              //如果获取到信息则显示，否则在控制台中输出返回的消息
              if (res.errorCode == 0) {
                  var hotel = null;
                  var $tr = null;
                  //获取响应数据中的酒店信息数组
                  var hotels =____(5)____;
                  //遍历数组，将酒店信息逐条添加到数据表格中
                  for (var i = 0; i < hotels.length; i++) {
                      hotel = hotels[i];
                      var $tr = $('<tr></tr>');
                      $tr.append($('<th   class="align-middle"><input
```

```
type="checkbox"></th>'));
26.                     $tr.append($('<th></th>').text(i + 1));
27.                     $tr.append($('<td></td>').text(hotel.id).addClass('id'));
28.                     $tr.append($('<td></td>').text(hotel.name).addClass('name'));
29.                     $tr.append($('<td></td>').text(hotel.addr).addClass('addr'));
30.                     $tr.append($('<td></td>').text(hotel.mobile).addClass('mobile'));
31.                     $tr.append($('<td></td>').html(
32.  '<big class="mr-3"><a title="修改" class="text-warning bi-wrench" href=""></a></big><big><a title="删除" class="text-danger bi-trash-fill" data-toggle="modal" data-target="#delWarning"></a></big>'
33.                     ));
34.                     $('table').append($tr);
35.                 }
36.             }else{
37.                 console.log(res.msg);
38.             }
39.         },
40.         //发生错误时回调函数
41.             (6)    : function() {
42.             console.log('error');
43.         }
44.     });
45. }
```

文档就绪时调用 getHotels()，代码如下。

```
$(function() {
 getHotels();
})
```

因为我们在“mockData.js”中并没有设置与 Ajax 请求 url 参数值相同的拦截处理，所以 Ajax 请求会发生错误，上述代码运行后，将会在控制台中输出“error”，说明调用了第 42～44 行的 error 回调函数。

8.2.3　步骤3：配置模拟后台路由，成功加载酒店数据

资　料	章　节	引导问题
mock.js	自行查找资料	（1）Mock 怎样将 Ajax 请求地址和请求方式与对应的模拟数据联系起来？ （2）Mock 怎样设置拦截 Ajax 请求时响应的时间？

在“mockData.js”文件中添加下列代码，获取酒店信息配置路由，并添加获取酒店信息的函数。

```
//酒店信息获取"路由"，设置Ajax请求url、method与后台处理函数的对应关系
Mock.mock('__(1)__', '__(2)__', findHotels);
//获取酒店信息的函数声明
function findHotels() {
    var res = {};
    res.hotels = hotels.array;
    res.errorCode = 0;
    res.msg = "成功";
    return res;
}
```

刷新“showHotels.html”，页面中应该显示模拟的后台酒店信息，如图 8-5 所示。

图 8-5　模拟数据示意

8.2.4　步骤4：显示提示信息

资　料	章　节	引导问题
信息提示框	2.4.22	（1）信息提示框包裹元素基础类是（　　）。 （2）信息提示框的基础类是（　　）。 （3）信息提示框在默认情况下是自动隐藏的吗？如何将它设置为非自动隐藏的？ （4）怎样设置提示框显示的时长？ （5）怎样通过 JS 显示一个提示框？

（续表）

资　料	章　节	引导问题
事件方法	3.6.4	（6）Ajax 请求发送之前触发的局部事件是（　　）。
加载动画	2.4.21	（7）加载动画的基础类是（　　）。
操作DOM样式	3.3.6	（8）获取指定元素的宽有几种方法？区别是什么？ （9）设置指定元素CSS属性的值的方法是（　　）。

这一步骤中我们按照任务要求，实现在等待信息加载时，显示加载动画；在信息请求不成功时，提示数据加载错误。补足下列代码空白处，在表格中添加一个绝对定位的信息提示框，不自动隐藏，提示框中的是Bootstrap的加载动画组件。

```
<tbody>
    <tr>
        <td colspan="7">
            <!--数据加载信息提示框-->
            <div id="loadingToast" class="____(1)____" ____(2)____="___(3)___" style="width:350px">
                <div class="___(4)___">
                    <!--加载动画-->
                    <div class="d-flex justify-content-center my-4">
                        <strong class="mr-4">加载中</strong>
                        <div class="___(5)___text-info"></div>
                    </div>
                </div>
            </div>
        </td>
    </tr>
</tbody>
```

在“mockData.js”文件中添加下列代码，设置拦截Ajax请求的响应时间，模拟真实的网络延迟。

```
//设置Ajax响应延迟时长
Mock.setup({
    timeout: '2000-6000'//响应时间介于2-6秒之间
})
```

上述代码完成后，信息提示框还不会出现，必须通过JS启用。在“TSMSys.hotelsAjax.js”的getHotels函数中添加如下代码，补足空白处，当Ajax请求发送前，启用信息提示框，显示loading动画，如图8-6所示；响应成功返回时，添加隐藏loading动画的代码，完成上述要求。

```
//异步获取酒店信息
function getHotels() {
 //获取酒店信息，请求方式为get
 $.get({
        //设置请求url，后端路由
        url: '/resources/hotel',
        //设置期望从服务器返回的数据类型。
        dataType: 'json',
        //请求发送前显示loading动画
        ____(6)____:function(){
            $('#loadingToast').____(7)____('____(8)____');
        }
        //成功时回调函数
        success: function(res) {
            //隐藏loading动画
        $('#loadingToast').____(9)____('____(10)____');
```

图 8-6　loading 动画信息提示

从图 8-6 所示的显示效果来看，加载动画的位置需要进一步调整到水平居中。在调用“getHotels()”之前，需要对信息提示框的位置做一个简单的计算，并进行设置。代码如下：

```
//初始化信息提示框的位置
$(function() {
 //计算信息提示框的位置
 var rightOffset = ($('table').____(11)____() - 350) / 2;
 //设置提示框的位置
 $('#loadingToast').____(12)____('____(13)____', rightOffset);
 getHotels();
})
```

接下来完成 Ajax 加载数据状态错误时的信息提示。在“showHotels.html”页面中的 loading 动画的信息提示框后，添加加载错误信息提示框，显示 5 秒后自动隐藏，代码如下：

```
<div id="loadingFailToast" class="toast position-absolute"____(14)____
```

```
="5000" style="width:350px">
    <div class="toast-body">
        <p class="m-4">数据加载失败!</p>
    </div>
</div>
```

修改error回调函数，当数据异步加载Ajax状态错误时，隐藏loading动画，显示错误提示信息。代码如下：

```
52.//发生错误时回调函数
53. error: function() {
54.     //隐藏loading动画
55.     $('#loadingToast').toast('hide');
56.     //显示加载错误提示信息框
57.     $('#loadingFailToast').toast('show');
58. }
```

代码修改完成后，注释掉“mockData.js”中的路由配置语句，模拟Ajax请求错误情况，刷新“showHotels.html”页面，loading动画和“数据加载失败”信息提示框重叠出现，如图8-7所示，表明上述第53行隐藏loading动画的代码未能生效。

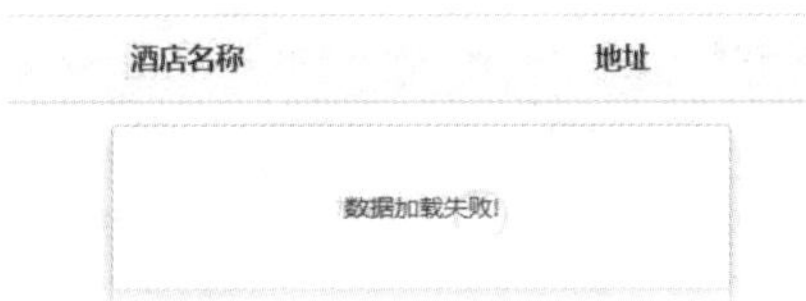

图8-7　信息提示重叠出现

其原因是Bootstrap API采用的都是异步编程，转换效果方法被调用后，并不等待转换效果的完成就返回了，效果转换未完成之前，在相同对象上调用同一个方法是无效的。

getHotels()函数第1行代码是“显示”loading动画，success回调函数中的“隐藏”之所以能够生效，是因为加载数据的延迟时间足够让loading动画信息提示框完成“显示”的转换。当error回调方法中的“隐藏”loading动画的toast方法被调用时，前面的loading动画的“显示”转换尚未完成，所以“隐藏”失效了。所以，这里使用toast组件的API会导致错误效果。

在浏览器调试工具的“Elements”窗口中可以看到Boostrap通过为toast组件添加类“show”显示这一组件，通过添加类“hide”隐藏该组件，如图8-8、图8-9所示。

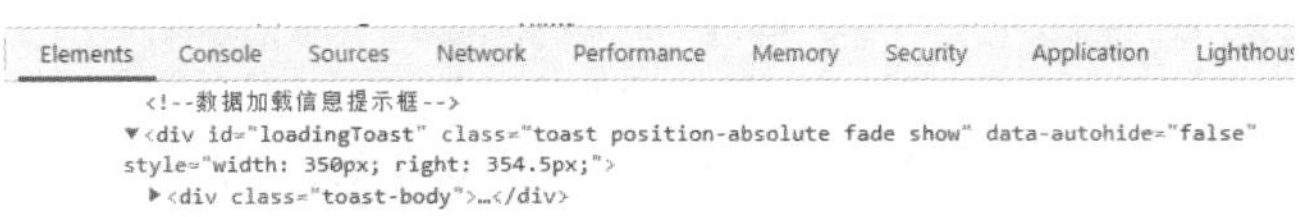

图8-8　显示状态的toast组件元素

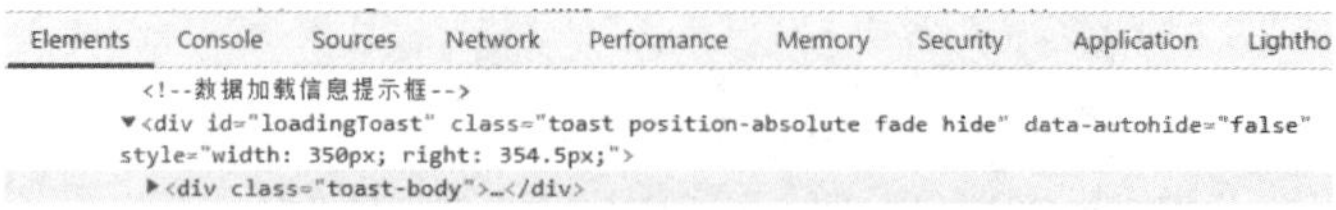

图8-9　隐藏状态的toast组件元素

这就为我们使用jQuery CSS类操作完成toast组件的显示与隐藏提供了思路。如下列代码第20行和25行所示。

```
18. //请求发送前显示loading动画
19. beforeSend:function(){
20.     $('#loadingToast').addClass('show').removeClass('hide');
21.}
22. //成功时回调函数
23. success: function(res) {
24.     //隐藏loading动画
25.     $('#loadingToast') .toggleClass(['show','hide']);
```

将error回调函数中隐藏loading动画改为如下列代码中第55行所示。

```
52. //发生错误时回调函数
53. error: function() {
54.     //隐藏loading动画
55.     $('#loadingToast'). toggleClass(['show','hide']);;
```

修改完成后，测试error信息提示框是否正确显示了。

8.3　任务3：酒店信息的分页显示

<table>
<tr><td>任务目标</td><td colspan="3">成功获取数据后按照每页5条，分页显示；单击页码显示相应页的数据；单击 next 按钮，显示下一页数据；单击 prev 按钮，显示上一页数据。</td></tr>
<tr><td>任务难度</td><td colspan="3">★★★★★</td></tr>
<tr><td colspan="4">实施过程：</td></tr>
<tr><td>步骤序号</td><td>内容</td><td>出现问题</td><td>解决方案</td></tr>
<tr><td>1</td><td>实现酒店信息分页页码的动态添加</td><td></td><td></td></tr>
<tr><td>2</td><td>获取指定页码的数据</td><td></td><td></td></tr>
<tr><td>3</td><td>实现分页显示功能</td><td></td><td></td></tr>
<tr><td>开始时间</td><td></td><td>结束时间</td><td></td></tr>
<tr><td>完成人</td><td></td><td>完成情况</td><td></td></tr>
</table>

分页显示数据的应用场景必须满足以下特点：数据量不是很大；对数据实时性、一致性要求不高；大部分数据都会得到浏览，那么，可以一次性将数据全部读取到客户

端，并使用HTML5对Web存储的支持将数据存储在客户端，根据用户选择的页码，显示存储数据中指定的子集，这种解决方案可以降低因频繁的前后端交互带来的网络开销。

如果数据量大，且用户基本上只关注前面几页数据，那么页面打开时，可以只加载第1页的数据，当用户选择其他页码时，再向后台发送请求；接收到请求后，后台再响应指定页码下的数据，也就是只显示需要的数据。这种解决方案因传输的数据量相对较小，可以提高响应速度，用户体验较好。

这一任务中，我们采用第2种方案来实现酒店信息的分页显示。

8.3.1　步骤1：实现酒店信息分页页码的动态添加

资　料	章　节	引导问题
JS Math方法	自行查找资料	（1）JS向上取整怎样实现？
遍历HTML 元素	3.3.5	（2）获取指定集合中的最后一个元素的方法是（　　）。 （3）按索引返回指定集合的子集的方法是（　　）。
向HTML元素 添加内容	3.3.2	（4）可以向指定元素前面添加内容的方法是（　　）。

任务要求酒店信息列表按照每页5条，分页显示，分页组件的页码要根据数据的条数动态设置。首先修改分页组件，页码仅保留第一个，代码如下：

```
<ul class="pagination">
    <li class="page-item">
        <a class="page-link" href="#">
            <span>&laquo;</span>
        </a>
    </li>
    <li class="page-item"><a class="page-link" href="#">1</a></li>
    <li class="page-item">
        <a class="page-link" href="#">
            <span>&raquo;</span>
        </a>
    </li>
</ul>
```

在“mockData.js”中的findHotels()函数的响应数据中添加数据集的长度，如下列代码第25行所示。

```
21. //获取酒店信息的函数声明
22. function findHotels() {
```

```
    var res = {};
    res.hotels = hotels.array;
    res.length = hotels.array.length;//添加酒店数据集的长度
    res.errorCode = 0;
    res.msg = "成功";
    return res;
}
```

如果酒店信息超过5条，则根据实际的条目数，计算需要分成多少页，然后动态添加页码，数据的序号列要根据页面进行计算。补足下列代码空白处，实现上述逻辑。

```
//成功时回调函数
success: function(res) {
    //隐藏loading动画
    $('#loadingToast') .toggleClass(['show','hide']);
    //清空tbody中的数据行
    $('tbody tr'). ____(1)____(1).remove();
    //如果获取到信息则显示，否则在控制台中输出返回的消息
    if (res.errorCode == 0) {
        var hotel = null;
        var $tr = null;
        //获取响应数据中的酒店信息数组
        var hotels = res.hotels;
        var length = res.length;
        //计算所需的页数
        var pages = ____(2)____(length / 5)
        //如果超过1页，动态添加页码
        if (pages > 1) {
            //获取所有分页条目
            var $pageItems = $('.page-item');
            //清除第2至最后一页的页码
            $pageItems. ____(3)____(2, $pageItems.length - 1).remove();
            //获取next按钮元素
            var $nextItem = $pageItems. ____(4)____();
            //获取第1页页码元素作为动态添加的页码的模板
            var $firstPageItem = $pageItems.eq(1);
            var $pageItemClone = null;
            for (var j = 2; j <= pages; j++) {
                $pageItemClone = $firstPageItem.clone();
                //循环变量的值作为页码
```

```
                    $pageItemClone.children('a').text(j);
                        //在next按钮前插入页码元素
                    $nextItem.  (5)  ($pageItemClone);
                }
            };
            //遍历数组，将酒店信息逐条添加到数据表格中
            for (var i = 0; i < hotels.length; i++) {
                hotel = hotels[i];
                var $tr = $('<tr></tr>');
                $tr.append($('<th class="align-middle"><input type="checkbox"></th>'));
                $tr.append($('<th></th>').text( i + 1));
                …//此处省略添加其他数据行的代码
            }
        } else {
            console.log(res.msg);
        }
    },
```

在代码编写正确的情况下，如果随机数据的条数多于5条，页码会动态添加，当数据有14条时，页码有3页，如图8-10所示。

☐	1	H908	连把金求干次深	南京市	14646040863	
☐	2	V247	离周收图	通化市	16034151600	
☐	3	R554	命战期维	博尔塔拉蒙古自治州	10515745768	
☐	4	Q577	争先江写点	白山市	15675253390	
☐	5	U600	干之千	鹤岗市	17565187040	
☐	6	T451	指本手在东子准	乌兰察布市	17258917018	
☐	7	S341	候内划平	吕梁市	13710864677	
☐	8	N635	太京元步题斗	运城市	18826748724	
☐	9	Z266	及除处	温州市	19373748606	
☐	10	B318	因要斯合张	三沙市	16641711286	
☐	11	Z262	或单利产级作圆	景德镇市	15819352536	
☐	12	P120	及须除青花几	果洛藏族自治州	18779562632	
☐	13	S613	是理收界	台北市	17312721203	
☐	14	T171	且重阶中照	盘锦市	14215245528	

批量删除 « 1 2 3 »

图8-10 根据数据集的长度动态添加的页码

8.3.2　步骤2：获取指定页码的数据

资　料	章　节	引导问题
快捷方法	3.6.2	（1）以 HTTP POST 请求方式从服务器加载数据的方法是（　　）。
底层接口	3.6.1	（2）设置发送到服务器的参数数据的属性是（　　）。

从图 8-10 中可以看到 14 条数据都在第一页显示出来了，因为“mockData.js”中 findHotels()函数返回了所有数据，所以需要修改 findHotels()函数，返回指定页码的数据，那么发送的请求中，就必须有页码参数。

网页加载的时候默认显示第 1 页；单击页码时，显示指定页。首先修改加载时的 getHotels 调用，如下列代码第 7 行所示。

```
1. $(function() {
2. //计算信息提示框的位置
3. var rightOffset = ($('table').width() - 350) / 2;
4. //设置提示框的位置
5. $('.toast').css('right', rightOffset);
6. //网页加载时，显示第 1 页
7. getHotels(1);
8. })
```

修改 getHotels 函数的声明，添加入口参数，将请求方式改为 POST，并添加 Ajax 请求参数数据。补足下列代码，完成上述要求。

```
9. //异步获取指定页码的酒店信息
10. function getHotels(page) {
11.     $.___(1)___({
12.         //设置请求url，后台路由
13.         url: '/resources/hotel',
14.         //设置期望从服务器返回的数据类型。
15.         dataType: 'json',
16.         //参数
17.         ___(2)___: {
18.             page:page,
19.             test:2
20.         },
21.         //请求发送前显示loading动画
22.         beforeSend: function() {
```

修改“mockData.js”中的路由配置，并修改findHotels函数，添加入口参数，代码如下：

```
//酒店信息获取"路由"
Mock.mock('/resources/hotel', 'post', findHotels);
//获取酒店信息的函数声明
function findHotels(options) {
```

在“mockData.js”的findHotels函数中设置断点，在调试窗口中观察参数options的结构，如图8-11所示。

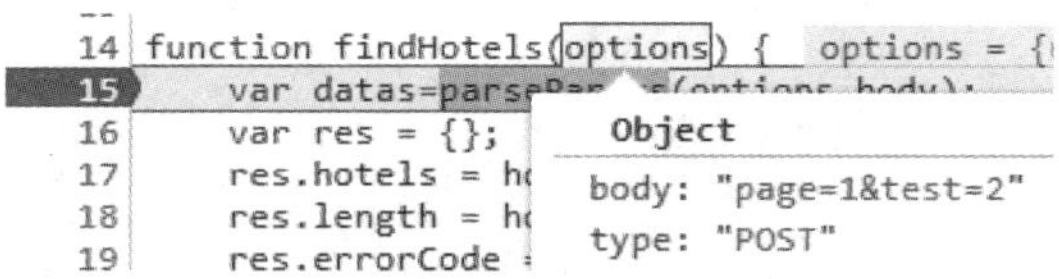

图8-11　调试环境下观察options结构

接下来我们需要编写函数完成options中的参数的解析。在“mockData.js”中添加下列代码。

```
/*参数提取*/
function parseParams(paramsStr) {
    var params = {};
    //切分不同的参数
    var paramsStrArray = paramsStr.split('&');
    var paramList = [];
    for (var i=0;i<paramsStrArray.length;i++) {
        //将每个参数等式切分为键值对,添加进关联数组中
        paramList = paramsStrArray[i].split('=');
        //decodeURIComponent可以正确解析特殊字符如:#, /,&等
        params[paramList[0]] = decodeURIComponent(paramList[1]);
    }
    return params;
}
```

在findHotels中添加对parseParams()的调用，代码如下，在调试窗口中可以看到请求参数被正确地提取出来，以键值对的形式存储在对象中，如图8-12所示。

```
//获取酒店信息的函数声明
function findHotels(options) {
    var datas = parseParams(options.body);
    var res = {};
```

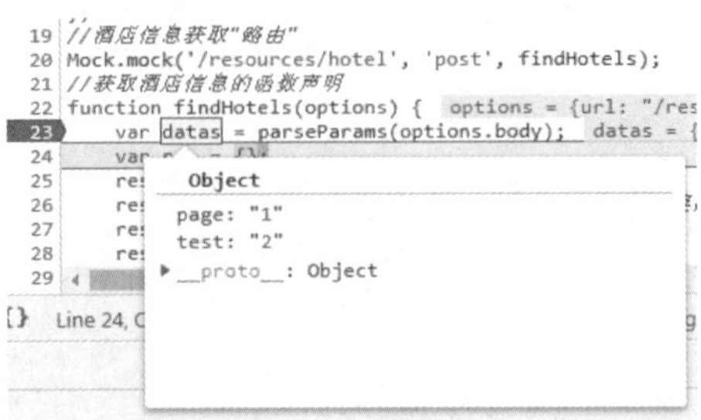

图8-12　调试窗口中观察datas解析的结果

能够获取用户传递的页码，接下来就要返回指定页码的数据，继续改写findHotels()函数，代码如下：

```
//获取酒店信息的函数声明
function findHotels(options) {
    var datas = parseParams(options.body);
    //提取页码参数的值
    var page = datas.page;
    //计算指定页面元素的起始索引
    var start = (page - 1) * 5;
    var totalLength = hotels.array.length;
    var res = {};
    if (totalLength - start > 5) {
        //如果不是最后一页,返回当前页面的5个元素的子集
        res.hotels = hotels.array.slice(start, start + 5);
    } else {
    //如果是最后一页,返回索引从start开始直至最后一个元素的子集
        res.hotels = hotels.array.slice(start);
    }
    res.length = totalLength; //数据集的总长度
    res.errorCode = 0;
    res.msg = "成功";
    return res;
}
```

再次刷新showHotels.html，在数据集长度超过5条的情况下，第一页只显示前5条记录，如图8-13所示。

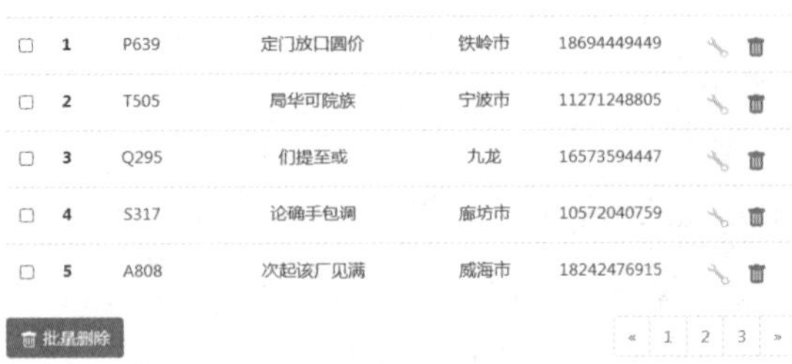

图8-13　调试窗口中观察datas解析的结果

8.3.3　步骤3：实现分页显示功能

资　料	章　节	引导问题
过滤选择器	3.2.3	获取指定集合中含有指定文本的内容过滤器是（　　）。

在“TSMSys.hotelsAjax.js”中添加为页码绑定事件处理函数的代码，当单击事件发生时，调用将页码作为请求参数发送出去。代码如下：

```
//为分页页码元素绑定处理函数
$(function() {
 //页码是动态添加的,所以要用事件委派
 $('.pagination').click(
      function(e) {
           //页面链接的内部文本就是页码参数的值
           var page=$(e.target).text();
           getHotels(page);
      })
})
```

修改数据行的编号计算方法，如下列代码第70行所示。

```
66. for (var i = 0; i < hotels.length; i++) {
67.     hotel = hotels[i];
68.     var $tr = $('<tr></tr>');
69.     $tr.append($('<th class="align-middle"><input type="checkbox"></th>'));
70.     $tr.append($('<th></th>').text( (page-1)*5 + i + 1));
```

修改完成后，已经可以实现分页显示了，图8-14所示的是第3页的数据。

图8-14　第3页数据显示结果

接下来添加页面活跃状态的跟踪。在success回调函数中，页码动态添加完毕后，添加下列代码，设置指定页码的活跃状态。

```
//含有指定页码的分页条目为"活跃"的
$('.page-item: ___(1)___('+page+')').addClass('active');
//遍历数组，将酒店信息逐条添加到数据表格中
```

刷新“showHotels.html”，第 1 页的页码呈现活跃状态，如图 8-15 所示。

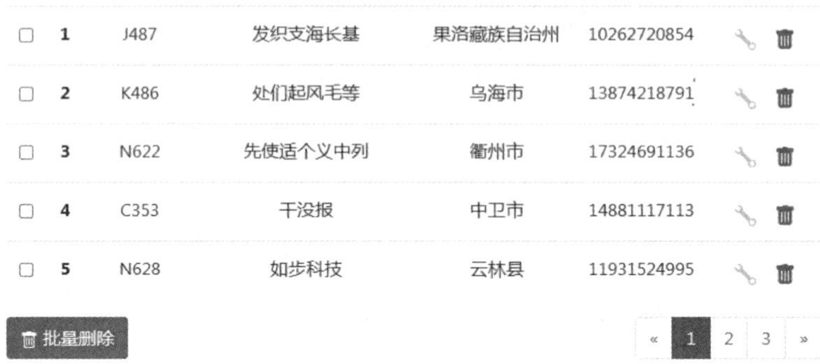

图 8-15　第 1 页页码呈现活跃状态

然后单击其他页面，页码的活跃状态出现了错误。例如，页面加载完毕后，单击第 3 页，发现所有的页码都呈现出活跃状态，如图 8-16 所示。

图 8-16　单击其他页码活跃状态错误

其原因是页面的添加是以第 1 页为模板的，网页加载后第 1 页的页码设置了“active”类，所以其他页码条目也都具有“active”类。我们在为指定页码添加活跃状态之前，先清除所有页码的活跃状态，代码如下：

```
//清除所有页码条目的活跃状态
$('.page-item').removeClass('active');
//含有指定页码的分页条目为"活跃"的
```

代码修改后，页码的活跃状态追踪就完成了。正确的状态如图 8-17 所示。

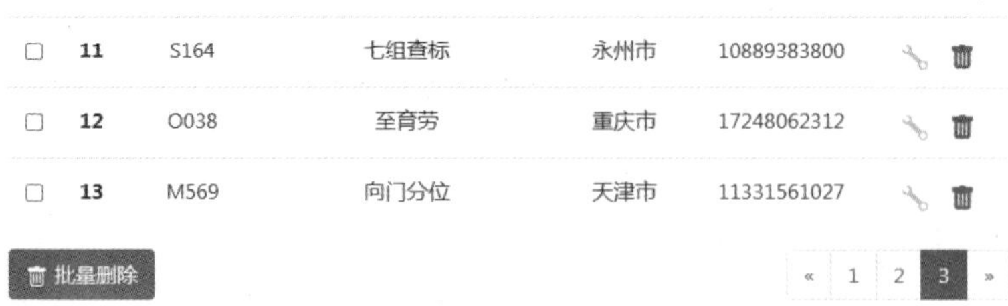

图 8-17　单击第 3 页时页码的表现

8.4　任务4：修改酒店信息

任务目标	单击修改图标进入酒店信息修改页，单击“修改”按钮，将修改后的信息提交到后台。		
任务难度	★★★★★		
实施过程：			
步骤序号	内容	出现问题	解决方案
1	实现修改信息模态框		
2	将指定记录的信息填写到表单控件中		
3	发送异步请求，完成信息的修改		
4	防止重复提交Ajax请求		
开始时间		结束时间	
完成人		完成情况	

8.4.1　步骤1：实现修改信息模态框

资　料	章　节	引导问题
表单	2.4.10	（1）使输入控件表现出普通文本的外观的类是（　　　）。 （2）设置控件为只读的布尔型属性是（　　　）。

在showHotels.html中添加修改酒店信息的模态框，代码如下：

```
<!-- 修改信息模态框-->
<div class="modal fade" id="updateModal">
    <div class="modal-dialog modal-sm">
        <div class="modal-content" style="min-width:360px">
            <div class="modal-body px-4">
                <form class="was-validated" id="updateForm">
                    <div class="form-group d-lg-flex justify-content-left">
                        <label for="id" class="col-form-label" style="min-width:100px">
                            编号
                        </label>
                        <!--编号不允许修改为只读，样式为普通文本样式-->
```

```
                    <input type="text" ____(1)____ class="____(2)____ text-danger" id="id" name="id" value="编号">
                </div>
                <div class="form-group">
                    <label for="name">名称
                        <span class="text-danger ml-1">*</span>
                    </label>
                    <input style="min-width:300px" required pattern= "[\u4E00-\u9FA5_a-zA-Z0-9_]{3,20}" type="text" class="form-control" id="name" name="name" placeholder="3-20个字">
                    <div class="invalid-feedback">
                        请输入3-20个中文字/字母/数字
                    </div>
                </div>
                <div class="form-group">
                    <label for="addr" style="min-width:100px">地址
                        <span class="text-danger ml-1">*</span>
                    </label>
                    <input style="min-width:300px" required type="text" class="form-control" id="addr" name="addr" placeholder="3-20个字">
                    <div class="invalid-feedback">
                        请输入地址
                    </div>
                </div>
                <div class="form-group">
                    <label for="mobile">联系电话
                        <span class="text-danger ml-1">*</span>
                    </label>
                    <input style="min-width:300px" required type=" text"class=" form-control" id="mobile" name="mobile" placeholder="手机号码">
                    <div class="invalid-feedback">
                        请输入手机号码
                    </div>
                </div>
            </form>
        </div>
        <div class="modal-footer">
```

```
                    <button type="button" class="btn btn-secondary" data-dismiss="modal">关闭</button>
                    <button type="button" id="update" class="btn btn-danger">修改</button>
                </div>
            </div>
        </div>
    </div>
```

添加数据行时，在修改图标按钮的超链标签上添加 data-toggle="modal"和 data-target="#updateModal"两个属性，单击“修改”按钮时，弹出模态框，如图 8-18 所示。代码如下：

```
$tr.append($('<td></td>').html('<big class="mr-3"><a title="修改" data-toggle="modal" data-target="#updateModal" class="text-warning bi-wrench" href=""></a></big><big><a title="删除" class="text-danger bi-trash-fill" data-toggle="modal" data-target="#delWarning"></a></big>'));
$('table').append($tr);
```

图 8-18　信息修改表单验证非法效果

8.4.2　步骤 2：将指定记录的信息填写到表单控件中

资　料	章　节	引导问题
遍历 HTML 元素	3.3.5	（1）获取指定元素满足条件的祖先元素的方法是（　　）。 （2）获取指定元素满足条件的兄弟元素的方法是（　　）。

在“TSMSys.hotelsAjax.js”中添加下列代码，补足空白处，实现将用户指定修改的酒店信息条目填写到模态框中的表单相应的控件中。信息修改表单验证通过效果如图 8-19

所示。

```
//为修改图标元素绑定处理函数
$(function() {
 //图标是动态添加的,所以用事件委派
 $('tbody').on('click', '[data-target="#updateModal"]',
      function(e) {
           //将当前数据填写到修改表单控件中
           $parentsTD = $(e.target).____(1)____('td');
           $('#id').val($parentsTD.____(2)____('.id').text());
           $('#name').val($parentsTD.____(3)____('.name').text());
                $('#addr').val($parentsTD.____(4)____('.addr').text());
                $('#mobile').val($parentsTD.____(5)____('.mobile').text());
           })
})
```

图 8-19　信息修改表单验证通过效果

8.4.3　步骤 3：发送异步请求，完成信息的修改

资　料	章　节	引导问题
辅助方法	3.6.3	（1）可以序列化表单中控件的值，返回对象数组的方法是（　　）。
遍历 HTML 元素	3.3.5	（2）回到链式调用中最近的遍历、过滤操作之前的方法是（　　）。

在“mockData.j”中添加修改酒店信息的路由配置和处理函数 updateHotels(options)，代码如下：

```
//酒店信息修改的"路由"路由配置
Mock.mock('/resources/updateHotel', 'post', updateHotels);
//酒店信息修改的函数声明
function updateHotels(options) {
    var datas = parseParams(options.body);
    //提取参数
    var id = datas.id;
    var hotel=null;
    var res={};
    res.errorCode = 1;
    res.msg = '没有找到对应的酒店';
    for(var i=0;i<hotels.array.length;i++){
        hotel=hotels.array[i];
        //修改指定记录的数据
        if(hotel.id==id){
            hotel.name=datas.name;
            hotel.addr=datas.addr;
            hotel.mobile=datas.mobile;
            res.errorCode = 0;
            res.msg = '成功';
            break;
        }
    }
    return res;
}
```

用户完成修改后，单击模态框中的“修改”按钮，将修改后的数据以Ajax异步请求的方式发送给后台，完成数据集合中指定酒店信息的修改。发送Ajax请求后，显示“数据修改中”loading动画；前端接收到“成功”的响应后，loading动画隐藏，显示“修改成功”提示框，如图8-20所示，修改后的数据显示在表格中；如果响应中的errorCode不为0，则将后台返回的错误提示信息显示在提示框中。自行在“showHotels.html”中添加“数据修改中”“修改成功”和“修改错误”3个信息提示框。

在“TSMSys.hotelsAjax.js”中添加下列代码，补足空白处，完成信息的修改。

```
//酒店信息修改
$(function() {
 //单击模态框修改按钮时发送修改请求
 $('#update').click(
     function(e) {
         //序列化表单中控件的值，返回对象数组
```

```
            var data = $('#updateForm'). ________(1)________();
            $.post({
                //设置请求url，后台路由
                    url: '/resources/updateHotel',
                    //设置期望从服务器返回的数据类型。
                    dataType: 'json',
                    //参数
                    data: data,
                    beforeSend:function(){
                        $('#updateModal').modal('hide');
                        $('#loadingUpdateToast').addClass('show');
                    },
                    success: function(res) {
                        //隐藏修改中loading动画
                        $('#loadingUpdateToast').toggleClass(['show', 'hide']);
                        if(res.errorCode==0){
                            //显示修改成功提示框
                            $('#updateSuccessToast').toast('show');
                            //修改数据表格中相应的数据
                            var $td=$('td:contains('+data[0].value+')');
                            $td.siblings('.name').text(data[1].value);
                            $td.siblings('.addr').text(data[2].value);
                            $td.siblings('.mobile').text(data[3].value);
                        }else{
                            //显示修改失败提示框
                            $('#updateFailToast').find('p').text(res.msg). ____(2)____().toast('show');
                        }
                    },
                    error: function() {
                        $('#loadingUpdateToast').toggleClass(['show', 'hide']);
                        $('#updateFailToast').toast('show');
                    }
                })
            })
})
```

图 8-20　信息修改成功提示信息

8.4.4　步骤 4：防止重复提交 Ajax 请求

资　料	章　节	引导问题
读取和设置 HTML 元素	3.3.1	（1）jQuery 推荐使用哪种（标签/DOM）属性禁用、启用元素？
底层接口	3.6.1	（2）指定预先处理 Ajax 参数选项的回调函数的方法是（　　）。
事件方法	3.6.4	（3）Ajax 请求完成（不论成功或错误）时被触发的全局事件是（　　）。
xmlHttpRequest 对象	自行查找资料	（4）xmlHttpRequest 对象取消当前响应，关闭链接并且结束任何未决的网络活动的方法是（　　）。
JS 操作 JSON	自行查找资料	（5）如何删除 JSON 中的指定元素？

在当前的设计下，用户单击“修改”按钮后，模态框消失，在等待后台完成数据修改期间，页面中所有的可操作元素包括修改、删除触发按钮都没有被遮蔽，都是“开放”的，用户可能会再次单击某个甚至是相同的数据记录进行修改。用户频繁发起 Ajax 请求会加重服务器负担，而且由于 Ajax 是异步执行的，多个 Ajax 请求之间从发送到完成没有严格的执行顺序，可能会造成一些无法预计的后果，如信息提示框状态不正确等。这种情况下要做“防抖”处理，即阻止重复的 Ajax 请求。

比较直接的思路是在 Ajax 请求未完成期间，通过禁用触发按钮来避免重复发送。下列代码在发送修改 Ajax 请求前，禁用模态框中的“修改”按钮，在 Ajax 请求未完成前再次打开修改模态框，会发现模态框中的“修改”按钮呈现“禁用”状态，如图 8-21 所示，单击不会发送修改请求。

```
beforeSend:function(){
    $('#updateModal').modal('hide');
    $('#loadingUpdateToast').addClass('show');
    //禁用修改按钮
    $('#update').____(1)____('disabled', ____(2)____);
},
```

图 8-21　禁用状态的“修改”按钮

在Ajax修改请求完成后，重新启用模态框中的“修改”按钮。代码如下：

```
success: function(res) {
//隐藏修改中loading动画
    $('#loadingUpdateToast').toggleClass(['show','hide']);
…//此处省略部分代码
        //启用修改按钮
        $('#update'). ____(3)____('disabled', ____(4)____);
    },
error: function() {
    $('#loadingUpdateToast').toggleClass(['show','hide']);
    $('#updateFailToast').toast('show');
    //启用修改按钮
    $('#update'). ____(5)____('disabled', ____(6)____);
}
```

上述方法可以有效地防止重复提交修改数据，但在分页显示数据的页码上就不适用了。下面我们采用jQuery官方推荐的方法来防止重复提交Ajax请求，这种方法的思路是：将正在执行中的请求记录下来，如果发现有重复的请求就将其终止；当一个Ajax请求执行完毕后将相应记录从记录表中删除，下一次相同url的Ajax请求就可以正常执行了。在“TSMSys.hotelsAjax.js”中添加下列代码，补足空白处，实现上述功能。

```
//全局变量,记录正在执行中的Ajax请求
var currentRequests = {};
//预处理Ajax参数选项
$. ____(7)____(function(options, originalOptions, jqXHR) {
 //判断该请求是否设置了防止重复提交
 if (options.abortOnRetry) {
     //判断是否记录过相同url的请求
     if (currentRequests[options.url]) {
         //如果是重复的请求就终止
             jqXHR. ____(8)____();
             console.log('abort');
         } else {
             //如果没有重复的请求,就记录此次请求
             currentRequests[options.url] = jqXHR;
         }
     }
});
//一个Ajax请求完成时触发
```

```
19. $(____(9)____).____(10)____(function(options, originalOptions, jqXHR) {
20.     //将其从记录表中删除
21.     delete currentRequests[jqXHR.url];
22. });
```

上述代码中第 6 行通过 Ajax 请求的 abortOnRetry 属性来判断是否需要终止重复的请求，这是一个自定义属性，需要发送之前做好配置。下列代码第 37 行是为修改数据的 Ajax 请求添加的阻止重复提交的属性配置。

```
29. $.post({
30.     //设置请求url，后端路由
31.     url: '/resources/updateHotel',
32.     //设置期望从服务器返回的数据类型
33.     dataType: 'json',
34.     //参数
35.     data: data,
36.     // 阻止重复提交
37.     abortOnRetry: true,
...//省略后面的代码
```

下列代码的第 118 行是为获取数据的 Ajax 请求添加的阻止重复提交的属性配置。

```
106. //获取酒店信息
107. $.post({
108.     //设置请求url
109.     url: '/resources/hotel',
110.     //设置期望从服务器返回的数据类型。
111.     dataType: 'json',
112.     //参数
113.     data: {
114.         page: page,
115.         test: 2
116.     },
117.     //阻止重复提交
118.     abortOnRetry: true,
...//省略后面的代码
```

尝试连续单击分页页码，控制台中的输出如图 8-22 所示，重复的 Ajax 请求都被终止了，后台的 findHotels 函数只调用了一次，说明了防止重复提交方法的有效性。

```
abort                                   TSMSys.hotelsAjax.js:11
abort                                   TSMSys.hotelsAjax.js:11
findHotels                                       mockData.js:48
```

图 8-22　连续单击分页页码 3 次，控制台中的输出

任 务 延 展

（1）完成删除指定酒店记录的功能。

（2）完成添加一条酒店记录的功能。

（3）完成添加一条线路信息的功能。

提示：线路信息涉及多张数据表记录的插入，是一次性提交还是分步骤提交，两种方案都是可行的，具体采用哪一种要根据约定的 API 来决定。可以尝试两种方案下的一种来实现。

本章高保真图

1．酒店信息修改模态框

2．酒店信息修改表单验证非法效果

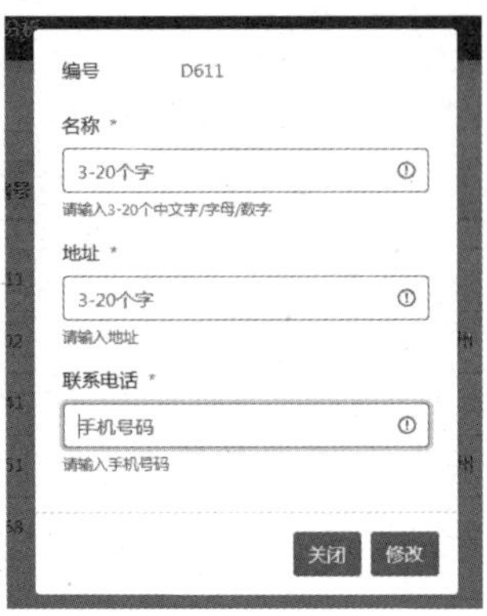

参 考 文 献

［1］蔡跃. 职业教育活页式教材开发指导手册[M]. 上海：华东师范大学出版社，2020.

［2］工业和信息化部教育与考试中心. Web前端开发（中级）[M]. 北京：电子工业出版社，2019.

［3］工业和信息化部教育与考试中心. Web 前端开发实训案例开发教程（中级）[M]. 北京：电子工业出版社，2019.

［4］吴振东. 试论“活页教材+活页笔记+功能插页”三位一体自主思维模式的构建[J]. 新课程研究（中旬刊），2018（9）：62-66.

［5］陈高锋，付建军. 活页式教材设计及应用探索与实践[J]. 陕西教育：高教，2020（5）：26-27.

［6］杨旺功. Bootstrap 4 Web设计与开发实战[M]. 北京：清华大学出版社，2020.